Verlag Podszun-Motorbücher GmbH
Elisabethstraße 23-25, D-59929 Brilon
Herstellung: LUC Medienhaus, Greven
Internet: www.podszun-verlag.de
Email: info@podszun-verlag.de
ISBN 978-3-7516-1032-2

ALEXANDER WEBER

Fotoalbum der

MASCHINENFABRIK ESSLINGEN

Dampflokomotiven

PODSZUN

Vorwort

Mit diesem sechsten Bildband zur Maschinenfabrik Esslingen endet unsere kleine Bücherreihe nun. Wie kaum anders zu erwarten, widmet er sich der Dampflokomotivenfertigung der ME, die lange Jahre maßgeblich am Aufstieg des Konzerns zum führenden Industrieunternehmen im damaligen Königreich Württemberg beteiligt war. Die Abteilung L liefert aber in den Jahren nach dem Ersten Weltkrieg auch ein gutes Beispiel dafür, wie ein vorher erfolgreiches Unternehmen langsam aber sicher in eine Abwärtsspirale gerät, weil die Märkte sich verändern und eine Firmenleitung zu lange an altbewährten Rezepten festhält, anstatt mutig einen konsequenten Neustart in anderen Produktfeldern zu wagen. Dass die Esslinger dabei bis zuletzt Innovationsfähigkeit besitzen, wie zahlreiche, herausragende Entwicklungen aus der Zeit zwischen den Weltkriegen und auch noch den 1950er-Jahren beweisen, kann das Unternehmen letztlich auch nicht mehr retten. Die Rolle, welche die damalige Konzernmutter GHH bei diesem Niedergang spielt, mag an dieser Stelle offen bleiben und soll Gegenstand zukünftiger, wirtschaftsgeschichtlicher Untersuchungen sein.

Wie schon bei den anderen Bänden dieser Buchreihe waren auch bei diesem letzten Band die Recherchen wieder einmal recht komplex. Während diesmal die Fabriknummernliste vorhanden war, ist gerade zu den vor dem Ersten Weltkrieg gefertigten Lokomotiven kaum noch technische Dokumentation auffindbar. Und auch der Fotobestand weist leider zahlreiche Lücken auf. Von daher wird mancher Leser sicherlich das eine oder andere Foto, das in älteren Publikationen zu finden ist, hier vermissen. Trotzdem ist es aber auch für diesen sechsten Band wieder gelungen, Informationen und zahlreiche, bisher noch nicht veröffentlichte Fotos zu den verschiedenen Dampflokomotiven zusammenzutragen, um so einen kompletten Querschnitt aus rund 120 Jahren Dampflokomotivbau in Esslingen präsentieren zu können.

Die alles wäre allein natürlich nie zu bewerkstelligen gewesen. Mein Dank gilt daher an erster Stelle einmal mehr dem Wirtschaftsarchiv Baden Württemberg und hier vor allem der Direktorin Frau Dr. Britta Leise. Die Herren Wolfram Berner, Jürgen Ranger, Wolfgang-Dieter Richter, der auch diesmal wieder freundlicherweise die Texte redigiert und zahlreiche Werksaufnahmen restauriert hat. Alon Siton haben weiteres Bildmaterial und Informationen beigesteuert.

Wie so oft lässt es sich leider nicht vermeiden, dass sich bei der Vielzahl der gebauten Dampflokomotiven und einer bisweilen unklaren Quellenlage bzw. sich teils widersprechenden Angaben in den zur Verfügung stehenden Publikationen der eine oder andere Fehler einschleicht. Daher würde ich mich über eventuelle Korrekturen oder Ergänzungen aus der Leserschaft, die direkt an den Verlag gesandt werden können, sehr freuen.

Alexander Weber
Heilbronn, Januar 2022

Inhalt

Der Dampflokomotivenbau der Maschinenfabrik Esslingen

Der wohl wichtigste Geschäftsbereich der Maschinenfabrik Esslingen war lange Zeit der Dampflokomotivbau. Dessen Entwicklung ist dabei untrennbar mit dem Wirken des Firmengründers Emil Kessler verknüpft, der schon vorher reiche Erfahrungen in diesem Bereich sammeln konnte. Kessler erblickte am 20. August 1813 in Baden-Baden das Licht der Welt. Nach einem Studium des Bauingenieurwesens und Maschinenbaus am Polytechnikum Karlsruhe, dem heutigen KIT, übernimmt er 1836 zusammen mit seinem Geschäftspartner Theodor Martiesen, die 1833 von Jakob Friedrich Messmer gegründete mechanische Werkstätte in Karlsruhe. Nur ein Jahr später gründen Kessler und Martiesen die Maschinenfabrik Emil Kessler & Theodor Martiensen und starten dort mit der Fertigung von Kleinmaschinen, Geräten und Eisenbahnzubehör. Hier entsteht Ende 1841 mit der "Badenia" die erste von Kessler entwickelte Dampflokomotive. Sie hat die Achsfolge 1A1 und gleicht den bereits vorher von der badischen Staatsbahn gekauften Lokomotiven aus der Fertigung von Sharp Roberts in Manchester. So weist auch die "Badenia" starr im Rahmen angeordnete Achsen und einen Innenzylinder mit fixer Expansion auf. Auf sie werden noch sieben weitere Exemplare für die badische Staatsbahn in identischer Bauweise folgen.

In seiner Maschinenfabrik in Karlsruhe fertigt Kessler 1841 seine erste Dampflokomotive, die "Badenia".

Der Gründer der Maschinenfabrik Esslingen, Emil Kessler (1813-1867)

Parallel entwickelt Kessler die Technik weiter. Unter der Fabriknummer 9 entsteht 1843 in der Karlsruher Fabrik, die seit 1842 Emil Kessler alleine gehört und seither als Maschinenfabrik von Emil Kessler firmiert, die "Expansion", die erstmals eine neuzeitliche Steuerung zur Zylinderfüllung aufweist. Dies erreicht Kessler durch die Verwendung des von Jean Jacques Meyer 1842 erfundenen Expansionsschiebers. Durch ihn kann der Dampf nun weitaus effektiver genutzt und die Lokomotiven können dadurch wirtschaftlicher betrieben werden.

Etwa zeitgleich nimmt auch der Eisenbahnbau im Königreich Württemberg Fahrt auf. Das an Bodenschätzen arme Land will den Anschluss an die industrielle Revolution nicht verpassen und betreibt daher einen massiven Ausbau der Industrie. Gleichzeitig soll auch das Transportwesen modernisiert werden, weshalb 1840 eine Eisenbahnkommission eingerichtet wird. Diese übernimmt die Planung und den Bau des Streckennetzes und macht sich auf die Suche nach einem Betreiber für eine geplante landeseigene Schienenfahrzeugproduktion. Der Startschuss für den Aufbau des Streckennetzes fällt am 3. April 1843 durch König Wilhelm I. und bereits am 3. Oktober 1845 kann das erste Teilstück der Strecke Stuttgart – Ulm, nämlich die Verbindung Cannstatt – Untertürkheim, dem Verkehr übergeben werden. Am 20. November 1845 fahren die ersten Züge auf dem neuen Teilstück Untertürkheim – Esslingen. Das rollende Material, das die Königlich Württembergische Staatseisenbahn (KWStE) dabei einsetzt, stammt aber zunächst aus den USA. Allerdings hatte die Bahnverwaltung diese Fahrzeuge schon mit dem Hintergedanken angeschafft, dass sie als Vorlagen für Konstruktionen aus landeseigener Produktion dienen sollten.

Treibende Kraft hinter dieser Bevorzugung amerikanischer Konstruktionen ist dabei der in Böhmen geborene Oberbaurat Ludwig von Klein, der 1844 in die Kommission berufen wird und sich maßgeblich um den Fahrzeugpark der KWStE kümmert. Bei einem Studienaufenthalt in den USA im Jahre 1838 hatte er die dortigen Lokomotiv- und Wagenkonstruktionen kennengelernt und deren fortschrittliche Konzeption erkannt. Deshalb setzt er bei

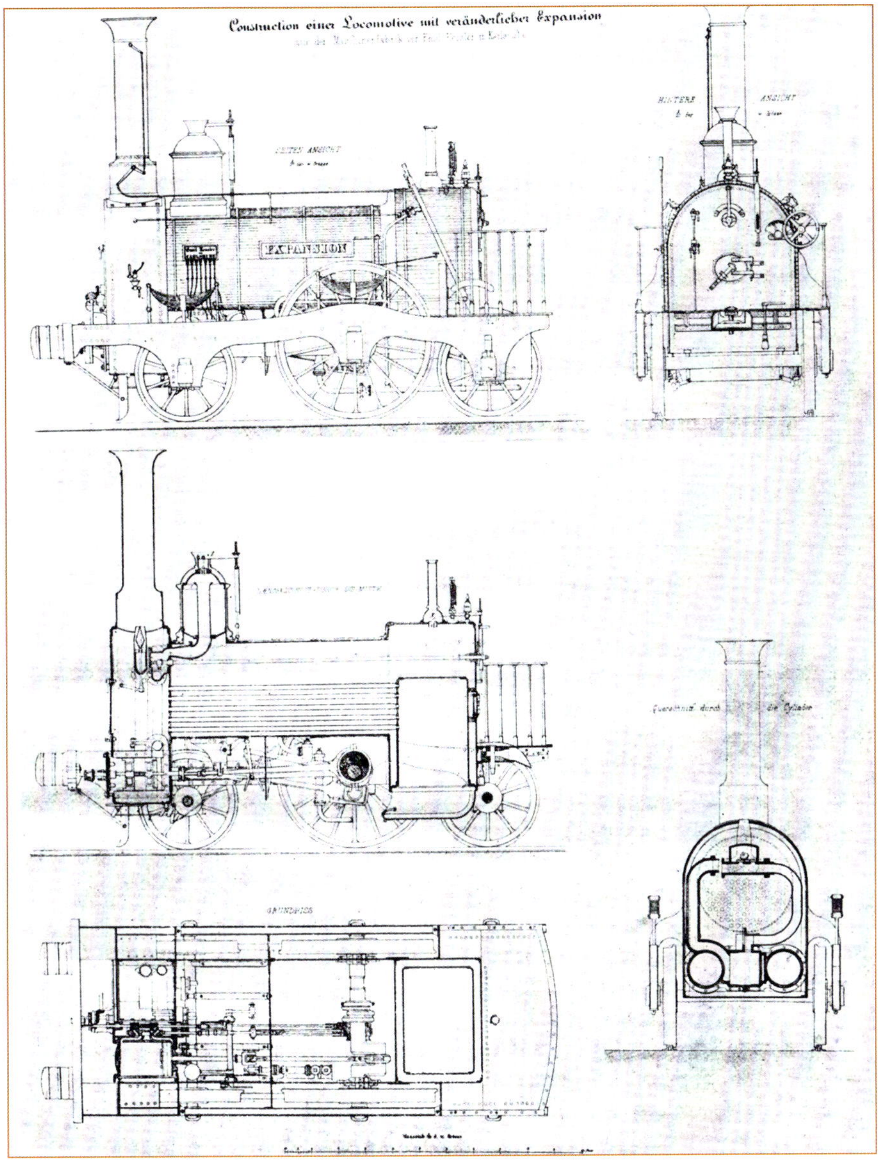

seinen Empfehlungen für die Erstausstattung der KWStE auf Fahrzeuge moderner, amerikanischer Bauweise. Es mag daher kaum verwundern, dass Kessler, der 1844 ebenfalls ein Angebot über die Lieferung von 2A- und 2B-Lokomotiven an die württembergische Eisenbahnkommission sendet, bei der Erstausstattung nicht zum Zuge kommt.

Dabei sind Kesslers Entwürfe hochmodern, setzt er doch auf eine Konstruktion mit Innenrahmen, Außenzylindern und gerader statt Kropfachsen. Für einen besseren Bogenlauf sollen die Lokomotiven zudem Antriebsachsen ohne Spurkränze und – ganz nach amerikanischem Vorbild – Vorlaufdrehgestelle bekommen. Sie ähneln damit verblüffend den Lokomotiven, die am Ende die Firmen Baldwin & Witney und Norris in Philadelphia nach Württemberg liefern, wobei diese bereits eine variable Zylinderfüllung mittels Howe- bzw. Stephenson-Kulissensteuerung, eine Vorwärmung des Tenderwassers durch Dampf sowie einen Funkenschutz nach System Klein besitzen.

Mit seinen Entwürfen hat sich Kessler jedenfalls bei den Verantwortlichen in Württemberg einen Namen gemacht, so dass er am 4. Februar 1846 den Zuschlag zum Aufbau und Betrieb der Maschinenfabrik Esslingen erhält. Er macht sich sofort an die Arbeit und innerhalb kürzester Zeit entstehen auf dem Gelände unterhalb der Pliensaubrücke und des Pliensauturmes in Esslingen die Fabrikhallen der Maschinenfabrik. Gleichzeitig erhält das Unternehmen schon die ersten Aufträge zur Fertigung von 2'B-Schlepptenderlokomotiven

1843 entsteht unter der Fabriknummer 9 in der Karlsruher Fabrik die "Expansion". Als einzige der ersten Maschinen wird sie 1854, mit Umstellung der Spurweite von 1600 auf 1435 mm, noch in eine Tenderlok umgebaut.

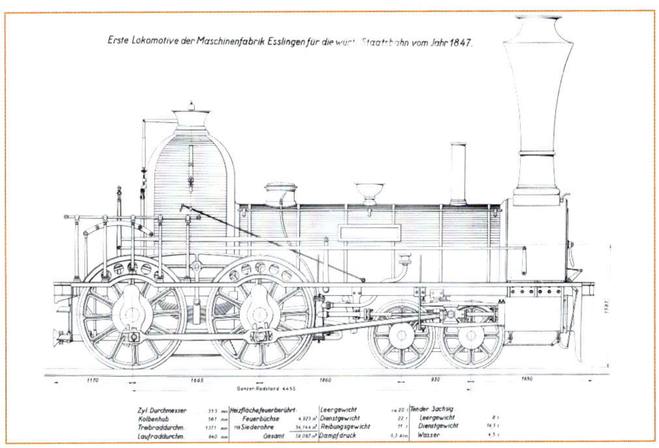

Diese beide Zeichnungen verdeutlichen sehr gut, wie eng sich Kessler bei seinen ersten Lokomotiven für die KWStE an das amerikanische Vorbild hält. Links sehen wir eine Lokomotive der Klasse I, die 1845 von Norris aus Philadelphia geliefert wurde, während wir rechts eine Klasse III aus ME-Fertigung sehen. Bis auf die Form des Stehkessels und die Anordnung der Zylinder sind beide Bauarten nahezu identisch.

der Klasse III. Diese orientieren sich noch stark an den amerikanischen Vorbildern, sind aber in vielen Details von Kessler verändert und technisch verbessert worden. So ist der Stehkessel bei ihm eckig statt rund, der Blechrahmen der Lokomotiven ist aus wenigen Einzelteilen und nicht mehr, wie bei den Norris-Lokomotiven, aus einer Vielzahl von Blechteilen zusammengesetzt. Nicht zuletzt sind die Zylinder nun am Rahmen und nicht mehr schräg an der Rauchkammer befestigt.

Während die ersten Exemplare der Klasse III noch in Karlsruhe entstehen, kann schließlich am 8. Oktober 1847 die erste Lokomotive aus Esslinger Fertigung, die gleich auf den Namen "Esslingen" getauft wird, an die KWStE übergeben werden. Die Kesslerschen Konstruktionen überzeugen dabei im Alltagsbetrieb, so dass er nicht nur schnell zum wichtigsten Lieferanten der KWStE aufsteigt und das Fertigungsprogramm der ME kontinuierlich ausbaut, auch andere Bahngesellschaften im damaligen Deutschen Reich ordern nun ihre Lokomotiven in Esslingen. Diese entwickeln Kessler und sein Team dabei ständig weiter. So vergrößern sie schrittweise Heizfläche und Zylinder und verlängern den Kessel, um leistungsstärkere Lokomotiven anbieten zu können. Überarbeitungen von Rahmen und Federung, wie auch die Verlegung der hinteren Treibachse vor die Feuerbüchse sorgen zudem für ein besseres Fahrverhalten.

Seit 1847 arbeitet Josef Trick als Oberingenieur bei der Maschinenfabrik und wird mit seinem konstruktiven Talent maßgeblich zum Erfolg des Unternehmens in jenen Jahren beitragen.

Auch wenn die Lokomotiven dieser frühen Jahre Universallokomotiven sind, zeichnet sich doch bereits 1847 ab, dass die Zukunft spezielle Lokomotivgattungen für einzelne Aufgabenbereiche bringen wird. Die ME erhält nämlich den Auftrag zur Entwicklung einer Lokomotive für den Einsatz auf der topografisch anspruchsvollen Geislinger Steige. Hierfür entwirft Kesslers Chefingenieur Josef Trick als erste komplett eigenständige Kreation der ME, die sogenannte Albklasse bzw. offiziell Klasse IV. Diese C-Kuppler mit starren Achsen weisen einen Innenrahmen und eine Stephenson-Steuerung auf, besitzen eine Feuerbüchse mit nur noch wenig überhöhtem Feuerkastenmantel im Gegensatz zu den hohen Klostergewölben früherer Konstruktionen, einen tiefliegenden Langkessel und sind die ersten Berglokomotiven, die in Deutschland gebaut werden. Die Auslieferung startet 1849 und die Klasse IV erfüllt alle Erwartungen, die die Verantwortlichen in sie gesetzt haben. Dass die Lokomotiven später einen schlechten Ruf haben, weil sie den Oberbau zu sehr beanspruchen, weshalb man sie in 2B-Lokomotiven umbaut, liegt dabei nicht allein an der Konstrukiton, sondern in dem zu weichen Stahl der verbauten Schienen begründet. Daher kann die ME noch an zahlreiche andere Kunden C-Kuppler in identischer Bauweise liefern.

Die Qualität der ME-Erzeugnisse und der Innovationsgeist des Herstellers bleiben natürlich auch im europäischen Ausland nicht unbemerkt. Und so kann Kessler 1848 in Form der 2B-Lokomotiven "Orion" und "Lucifer" für die Kaiser-Ferdinand-Nordbahn erstmals eine Lokomotivlieferung an das Ausland verbuchen. Sie werden nur der Anfang sein, denn bald beliefern die Esslinger Bahngesellschaften in ganz Europa. Und auch technisch präsentiert man die nächste Neuerung. Statt der bisher üblichen Longboiler-Kessel können ME-Lokomotiven ab 1850 auch mit dem von Kessler eigenständig entwickelten und patentierten sogenannten Birnenkessel ausgestattet werden.

1850 ist aber noch unter einem weiteren Aspekt ein wichtiges Jahr für den Lokomotivbau bei der ME. In diesem Jahr beginnt nämlich der Bau der Semmering Bahn, für die per Ausschreibung Lokomotiven gesucht werden, die weitaus mehr Leistung haben als alle bisher gefertigten Konstruktionen. Auch wenn die ME an der Ausschreibung letztlich nicht teilnehmen wird, entwirft Emil Kessler hierfür doch verschiedene mehrfach gekuppelte Lokomotiven, die als Blaupausen für zukünftige 2C-Schnellzuglokomotiven und Güterzuglokomotiven mit vier und mehr, teils auch radial einstellbaren Kuppelachsen dienen. Die Zeit der Einheitslokomotiven ist nun endgültig vorbei und es entwickeln sich die spezialisierten Baureihen in Form von Güterzuglokomotiven, die auf hohe Zugkraft setzen, Schnellzuglokomotiven, die hohe Reisegeschwindigkeiten bieten, reine Personenzuglokomotiven und kompakte Nebenbahn- und Werkslokomotiven.

Erstes Ergebnis dieser zunehmenden Spezialisierung der einzelnen Lokomotivgattungen ist die 1852 von der ME vorgestellte Urform einer noch sowohl als Personenzug- als auch als Schnellzuglokomotive einsetzbaren Schlepptenderlokomotive mit der Achsfolge 1B für die Altbayern-Bahn. Sie weist steife Achsen, eine hinten überhängende Feuerbüchse mit nur noch leicht überhöhter, runder Feuerbüchsdecke und einen vorderen Überhang der Zylinder auf. In dieser Form bleibt sie, sowohl mit normalem als auch mit Kessler Patentkessel für die nächsten Jahre fester Bestandteil im Programm der ME und findet weltweit ihre Abnehmer. Ein ganz besonderer Kunde ist dabei die britische Ostindia Company, die 1867 gleich 20 Exemplare in zwei Lieferserien für den Einsatz auf der Strecke Kalkutta – Delhi bestellt. Dies ist umso bemerkenswerter und ein klares Zeichen für die internationale Wertschätzung der Kesslerschen Konstruktionen, als sonst bei Aufträgen für Bahnstrekken in Indien nur Lokomotivhersteller aus Großbritannien bedacht werden. Eine der Lokomotiven, mit der Fabriknummer 800, ziert den Ausstellungsstand der ME auf der Weltausstellung in Paris im Jahr 1867 und gewinnt dort eine Goldmedaille.

Die erste reinrassige Güterzuglokomotive stellt die ME 1853 auf die Räder. Zusammen mit Cockerill haben die Esslinger einen Auftrag für die Semmering Bahn ergattern können, für den sie eine Serie von Stütztenderlokomotiven des Typs Engerth produzieren. Bei diesen ist der Kessel auf dem Hauptrahmen befestigt, der bei den Semmering-Lokomotiven drei gekuppelte, engstehende Achsen besitzt. Die Feuerbüchse ist weit hinten angeordnet und wird

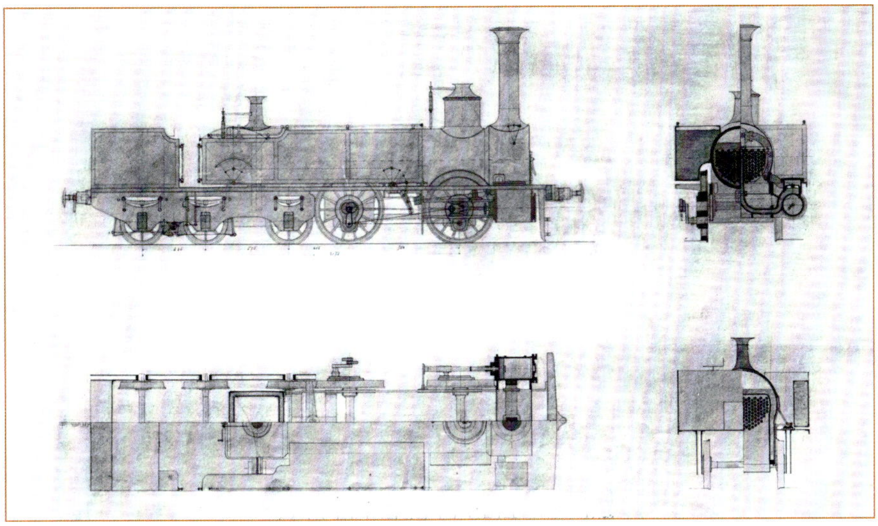

Um 1860 entsteht diese Maßzeichnung einer Stütztenderlokomotive der Bauart Engerth für die Schweiz.

durch ein zweiachsiges Gestell gestützt, das um einen Drehpunkt am Hauptrahmen schwingen kann. Die Esslinger Exemplare zeichnen sich zudem dadurch aus, dass auch die Achsen an diesem zweiten Gestell gekuppelt sind und durch eine Kupplung zwischen der dritten Achse des vorderen und der ersten Achse des hinteren Gestells zuschaltbar sind, falls die Adhäsion der drei eigentlichen Kuppelachsen nicht mehr ausreicht. Dadurch kann das gesamte Lokomotivgewicht für die Zugleistung genutzt werden. Mit der Engerth Lokomotive ist der Weg hin zu immer größeren und leistungsstärkeren aber trotzdem bogengängigen Lokomotiven geebnet. In der Folge kann die ME zahlreiche dieser Stütztenderlokomotiven an Kunden in Österreich, der Schweiz und Frankreich liefern, wo sie auch im Personenzugverkehr zum Einsatz kommen. Parallel entwickelt die ME aber auch den klassischen C-Kuppler mit Steifachsen weiter, den gerade die KWStE sowie zahlreiche andere Bahngesellschaften im In- und Ausland für den Güterzugeinsatz präferieren.

1854 kann die ME dann schließlich ihre erste echte Schnellzuglokomotive in Form von sechs Exemplaren der Klasse A für die KWStE vorstellen. Sie weist die schon von den ersten Lokomotiven für die KWStE bekannte, am amerikanischen Vorbild orientierte Achsfolge 2'B mit einem Vorlaufdrehgestell auf. Allerdings ist der Raddurchmesser der Kuppelräder von 1370 auf 1830 mm angewachsen und die Feuerbüchse, an die sich ein Rundkessel anschließt, weist nun eine gerade durchgehende Feuerbüchsdecke auf. Durch die immer weitere Vergrößerung der Heizfläche, der Kessel, Verbesserungen am Drehgestell, die Verlegung der Zylinder zur Mitte des Vorlaufdrehgestells und Verstärkungen des Rahmens entwickelt sich aus dieser Urbauform in den nächsten Jahren die klassische Schnellzuglokomotive, die ihren Höhepunkt in den Pacifics mit der Achsfolge 2'C1' finden wird.

Doch ist es zunächst nicht ausgemacht, dass sich diese Bauform der Schnellzuglokomotive durchsetzen wird. 1855 fertigt die ME nämlich ein erstes Exemplar einer völlig anderen Schnellzuglokomotivbaureihe. Die Pfälzische Ludwigsbahn hat bei den Esslingern eine Serie von Lokomotiven in der sogenannten Crampton-Bauweise geordert. Diese Lokomotiven der Achsfolge 2A zeichnen sich aus durch eine hinter der Feuerbüchse gelegene, freie Treibachse mit sehr großem Raddurchmesser und einem sehr tief liegenden Kessel. Auch diese Konstruktion bewährt sich und findet Abnehmer im In- und Ausland. Erst 1864, als die Kesseldrücke erhöht werden, um die Zylinderzugkraft zu erhöhen, kommt das Aus für die Cramptons. Die einzelne Treibachse dieser Konstruktion ist der höheren Kraft des Zylinders nicht mehr gewachsen, sodass die Lokomotiven zum Schleudern neigen.

Bei den Personen- und vor allem Schnellzuglokomotiven entwickelt die ME 1861 ein neues Drehgestellfahrwerk, bei dem nun der Zylinder zwischen den Drehgestellrädern angeordnet ist. Man orientiert sich dabei an einer Konstruktion von Thomas Rogers aus New Jersey. Gleichzeitig verbessern die Esslinger die Drehgestelle selbst kontinuierlich weiter, was die Kundschaft sehr zu schätzen weiß und dementsprechend zahlreiche Lokomotiven bestellt. Als Alternative zu den Engerth-Stütztenderlokomotiven kann man zudem

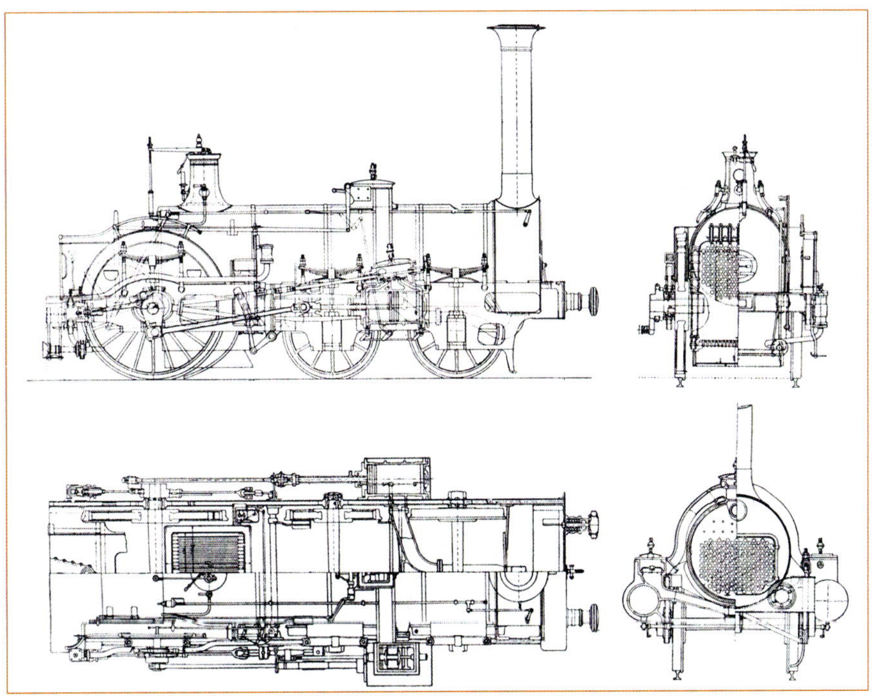

Ab 1855 produziert die ME Schnellzuglokomotiven der Bauart Crampton. Die ersten Exemplare mit den Fabriknummern 265 - 270 gehen an die Pfälzische Ludwigsbahn.

ab den 1860er-Jahren auch solche nach dem System Beugniot anbieten, bei denen der Tender zur Abstützung der Feuerbüchse herangezogen wird. Diese belastet dabei aber nur die erste Tenderachse durch ein überhängendes Rahmenende.

Ab 1865 steigen die Kesseldrücke dann auf 9 atm, wie bei den Schnellzuglokomotiven der Klasse B für die KWStE. Diese weisen erstmals eine moderne Federanordnung unter den Achslagern mit Balanciers auf Achshöhe zum Ausgleich auf, die sich als Standard bei allen Schnellzuglokomotiven durchsetzen wird. Dies wird der Firmengründer Emil Kessler allerdings nicht mehr erleben. Der rast- und ruhelose Fabrikant stirbt am 16. März 1867 an einem Herzschlag, worauf sein damals erst 26-jähriger gleichnamiger Sohn Emil Kessler die Firmenleitung übernimmt.

Unter seiner Ägide macht 1868 der Bau von Güterzuglokomotiven seinen nächsten entscheidenden Entwicklungsschritt. Auch wenn sich die bisher vorherrschenden C-Kuppler im Alltagseinsatz immer noch bewähren, zeichnet sich schon länger ab, dass diese den stetig wachsenden Zuglasten nicht mehr genügen werden. Die ME entwickelt daher einen ersten D-Kuppler. Um diesen auch auf engen Gleisradien einsetzen zu können, sind nur die ersten drei Kuppelachsen fest im Rahmen angeordnet, während die vierte Achse ein Seitenspiel besitzt – die erste Anwendung einer Idee, die schon der Firmengründer Emil Kessler in seinen Aufzeichnungen festgehalten hat.

1870 kann das Unternehmen dann ein Jubiläum feiern. Die 1000ste Dampflokomotive rollt aus den Werkshallen. Es handelt sich dabei um eine 2'B-Schnellzugschlepptenderlokomotive der Klasse VIII aus einer Serie für die Sächsische Westliche Staatsbahn, die zu Ehren des Firmengründers auf den Namen "Kessler" getauft wird. Auf den Lorbeeren dieses Erfolges ruhen sich die Esslinger aber nicht aus und verbessern ihre Konstruktionen kontinuierlich weiter, was zu immer größeren und leistungsstärkeren Lokomotiven mit mehr Kuppelachsen führt. Bei den Personenzuglokomotiven setzt sich dabei mehr und mehr der Trend hin zur Tenderlokomotive mit Vor- und Nachlaufachsen durch, die in einem Bisselgestell angeordnet oder als Adamsachsen mit bogenförmigen Gleitlagern ausgeführt sein können.

Zudem erweitert die ME das Fertigungsspektrum noch. 1873 wird die erste B-Tenderlokomotive speziell für den Einsatz auf Klein-, Werks- und Industriebahnen und als Rangierlokomotive fertiggestellt, der zahlreiche weitere, die dann mehr Kuppelachsen haben, folgen werden. Weitaus wichtiger für die Geschichte des Lokomotivbaus der ME ist aber das Jahr 1876, in dem die Esslinger erstmals eine Zahnradlokomotive bauen. Dass der Auftrag hierfür aus der an Bergen und damit Steigungsstrecken reichen Schweiz kam, ist dabei wohl kaum verwunderlich. Hier hatte sich der Eisenbahnpionier und Züricher Kantonsingenieur Kaspar Wetli schon länger Gedanken gemacht, mit welcher Technik man Steigungen überwinden kann, bei denen die Adhäsionskraft einer normalen Lokomotive nicht mehr ausreicht. Für die Strecke Wädenswil – Einsiedeln entwickelt er daher ein Zahnradsystem, das aus pfeilförmigen Verzahnungen zwischen den Adhäsionsschienen besteht. Die Lokomotive, die die ME hierfür im Auftrag fertigt, weist eine passende Walze mit aus Walzschienen aufgenieteter, gebogener Pfeilverzahnung auf, die zwischen den beiden Kuppelachsen angeordnet ist und vom hinteren Kuppelradsatz durch Kuppelstangen angetrieben wird; im reinen Adhäsionsbetrieb wird sie angehoben. Die zunächst recht positiv verlaufenden Testfahrten überschattet allerdings ein Unfall, bei dem die Walze aufklettert, so dass das System Wetli nicht weiter verfolgt wird.

Stattdessen wird die nächste Zahnradlokomotive der ME, die 1883 entsteht, für das System Riggenbach gebaut. Niklaus Riggenbach ist den Esslingern dabei kein Unbekannter. Bereits 1839 war er erstmals in der Kesslerschen Fabrik in Karlsruhe, in der er wenige Jahre später zunächst als Werksleiter und dann als Geschäftsführer tätig sein wird. In die Schweiz zurückgekehrt wird er zum technischen Direktor der Schweizer Zentralbahn und entwickelt dort ein Zahnradsystem mit Leiterzahnstange. Das System Riggenbach ist dabei zunächst als reines Zahnradsystem für Touristenbahnen zur Erschließung der Bergwelt gedacht. Dementsprechend dienen die Adhäsionsachsen als reine Tragachsen. Das zwischen ihnen angeordnete Zahnrad wird über ein Zahnrädervorgelege direkt von den Zylindern angetrieben. Als Betriebsbremse kommt die in der Folge bei allen ME-Zahnradlokomotiven verbaute Gegendruckbremse zum Einbau, die durch Luftverdichtung unter Kühlwasserzusatz in den Dampfzylindern wirkt. Als Notbremse ist zusätzlich eine Rillenscheibe auf der Transmissionswelle mit Band- oder Klotzbremse vorhanden.

Das Jahr 1883 ist aber noch unter einem weiteren Aspekt ein wichtiges Jahr. Die ME fertigt in diesem Jahr nämlich erstmals eine Dampflokomotive mit dem von Anatole Mallet 1876 entwickelten Verbunddampfsystem. Hierbei erfolgt eine zweifache Ausnutzung der Dampfdehnung

Die 1000ste Lokomotive aus Esslinger Fertigung muss natürlich den Namen "Kessler" tragen. Sie geht 1870 zusammen mit sieben weiteren Exemplaren als Gattung K VIII an die Sächsische Staatsbahn.
(Nachlass Braitmaier - Wirtschaftsarchiv Baden-Württemberg)

in getrennten Zylindern. Zunächst wird in einem Hochdruckzylinder mit kleinem Durchmesser ein Teil der im Dampf enthaltenen Kraft durch Ausdehnung und Kolbenbewegung in Arbeit umgesetzt. Danach gelangt der Dampf über den sogenannten Verbinder in den Niederdruckzylinder. Durch diese doppelte Ausnutzung der Dampfdehnung können die Lokomotiven nun weitaus wirtschaftlicher betrieben werden. Der Verbrauch von Brennstoffen sinkt, sodass sich die Verbundbauweise allgemein durchsetzt.

Nur zwei Jahre darauf kann die ME bei ihren Zahnradlokomotiven schon wieder die nächste Neuheit vorstellen. 1885 fertigt man nämlich die erste Lokomotive nach System Abt. Roman Abt aus Luzern ist ein langjähriger Mitarbeiter von Riggenbach. Anders als sein Chef setzt er aber bei seinem Zahnradsystem von vornherein auf eine Ergänzung zur Vollbahn, bei welcher der Zahnradantrieb nur auf den extrem steigungsreichen Streckenabschnitten zum Einsatz kommen soll, während die Lokomotive sonst als reine Adhäsionslokomotive einsetzbar ist. Er entwirft daher ein Zahnradtriebwerk, bei dem die Treibzahnräder in einem Gestell gelagert sind, das an zwei Adhäsionsachsen aufgehängt ist. Dazu passend entwickelt er eine Zahnstange mit zwei oder drei gegeneinander versetzten Zahnlamellen, wodurch die Zahnräder einen fortlaufenden Eingriff haben, was wiederum für einen ruhigen Lauf sorgt. Gerade Bergbahnen in Südamerika ordern in den nächsten Jahren diverse Lokomotiven nach dem System Abt.

Da der Export mittlerweile zu einem wichtigen Standbein der Lokomotivfertigung in Esslingen geworden ist, reifen bei der Firmenleitung erste Gedanken, eine Auslandsniederlassung einzurichten. Italien, das sich in jenen Jahren als wichtiger Kunde herauskristallisiert, scheint dabei die richtige Wahl zu sein. So gründet die Maschinenfabrik 1887 die Costruzioni Mecchaniche Saronno. Die Fertigung in der norditalienischen Dependance startet am 1. Mai 1888 und steht dabei anfangs unter keinem guten Stern. Italien rutscht nämlich in eine handfeste Wirtschaftskrise, sodass die erhofften Aufträge ausbleiben und die roten Zahlen wachsen. Um das neue Werk halbwegs auszulasten, verlagert die Unternehmensführung die Abwicklung verschiedener Exportaufträge nach Italien.

Der ME-Vertreter in Buenos Aires wirbt mit diesem Modell eines Untergestells einer kombinierten Adhäsions- und Zahnradlokomotive System Abt für die Esslinger Produkte.
(Nachlass Braitmaier - Wirtschaftsarchiv Baden-Württemberg)

Um 1900 kommen im Lokomotivbau schon eine ganze Reihe von speziell konzipierten Maschinen zum Einsatz, die eine gleichbleibende Fertigungsqualität ermöglichen. Hier wird eine Stehkesseldecke vernietet.

Das Foto links zeigt einen Blick in die Kesselschmiede im Werk Mettingen. Im Vordergrund ist ein Brotankessel zu erkennen, so dass die Aufnahme um 1910 entstanden sein muss, als die ME erstmals solche Kessel gefertigt hat. Hier im rechten Bild werden gerade Kuppelstangen für Lokomotiven bearbeitet.

Ein fertiger Kessel wird aus der Kesselschmiede zur nächsten Fertigungsstation geschafft. Der Kran, an dem er hängt, ist ebenfalls ein Produkt der Maschinenfabrik.

Mitte der 1890er-Jahre stabilisiert sich die Lage in Italien wieder und in der Folge beliefert das Werk in Saronno, das ab 1913 auch eine eigene Konstruktionsabteilung hat, fast alle italienischen Bahngesellschaften mit Lokomotiven.

In der Zwischenzeit entwickelt sich der Dampflokomotivbau der Esslinger kontinuierlich weiter. So führen sie 1889 bei ihren Schnellzuglokomotiven die vom belgischen Ingenieur Alfred Belpaire entwikkelte Feuerbüchse mit gerader Feuerbüchsdecke ein. Drei Jahre darauf rollt die erste kombinierte Zahnrad- und Adhäsionslokomotive nach System Riggenbach aus den Werkshallen, womit nun auch dieses Zahnradsystem für Vollbahnen nutzbar ist. Der Zahnrad- und der Adhäsionsantrieb werden komplett getrennt. Während die Außenzylinder die Kuppelachsen antreiben, sorgen die Innenzylinder für den Antrieb der Zahnräder und können bei reinen Adhäsionsstrecken stillgelegt werden.

Im selben Jahr entsteht der unter Leitung von Oberbaurat Adolph Klose entworfene E-Kuppler der Klasse G für die KWStE. Die mit dem Spitznamen "Elefant" versehenen Lokomotiven erreichen ihre Bogenläufigkeit durch eine spezielle Vorrichtung zur Radialstellung der ersten und letzten Kuppelachse, die gleichzeitig eine Verlängerung bzw. Verkürzung der Kuppelstangen übernimmt. Die Rückstellung der Achsen beim Übergang in die Gerade wird durch den Tender mittels einer senkrechten Welle mit Hebelübersetzung unterstützt. Weiteres Charakteristikum dieser technisch aufwendigen Lokomotivkonstruktion ist das Dreizylinder-Verbundtriebwerk mit einem Hochdruckzylinder in der Maschinenmitte, der durch einen Trickschieber gesteuert wird und mit Niederdruckzylindern außen am Rahmen mit senkrechten Schiebern.

Einen gänzlich anderen Ansatz für eine bessere Bogenläufigkeit als die Klose-Radiallokomotiven, die die ME an diverse Kunden liefern kann, verfolgt die Mallet-Lokomotive. Bei ihr ist das Fahrwerk in zwei eigenständige Triebwerke geteilt, wobei das hintere ganz normal mit dem Rahmen verbunden ist, während das vordere einen eigenen Rahmen mit eigener Dampfmaschine besitzt und über einen Drehzapfen beweglich mit dem Lokomotivrahmen verbunden ist. Die ersten Mallet-Lokomotiven der ME entstehen ab 1899, werden aber stückzahlenmäßig nie an die Lokomotiven mit einteiligem Fahrwerk herankommen.

Das Problem der Bogenläufigkeit beschäftigt die Ingenieure der ME auch weiterhin, denn die Klose Konstruktion ist letztlich technisch zu aufwendig. Ihr Ende naht, als sich ab 1904 das System der parallel verschiebbaren Kuppelachsen durchsetzt, das vom österreichischen Lokomotivbauer Karl Gölsdorf entwickelt wurde. Beim System Gölsdorf rückt die Treibachse einer fünfachsigen Lokomotive aus der Mitte an die vierte Stelle und bildet mit der zweiten Achse den festen Radstand; alle restlichen Achsen können so seitenverschieblich gelagert werden, was einen verschleißarmen Bogenlauf begünstigt. Damit ist der Weg nun frei, immer größere Lokomotiven, die vor allem für Güterzüge benötigt werden, zu bauen. Ein Höhepunkt wird hier 1914 mit den F-Kupplern der Klasse K der KWStE erreicht werden, die seinerzeit die schwersten Heißdampf-Verbund-Güterzuglokomotiven in Europa waren.

Die Esslinger sind in jenen Jahren auf der Erfolgsspur, sodass die bisherigen Werksanlagen an ihre Grenzen kommen. Unter der Leitung von Ludwig Kessler, dem jüngsten Sohn des Firmengründers, der die Leitung des Unternehmens 1907 übernimmt, machen sich die Verantwortlichen daher auf die Suche nach dem geeigneten Ort für eine neues Fabrikgelände. Dieses findet man im Esslinger Stadtteil Mettingen und kann es 1908 von der Stadt Esslingen erwerben. Bereits im Jahr darauf startet der Bau der neuen Fabrikanlagen und nach und nach siedeln ab 1909 alle Abteilungen in den Neubau um, der 1913 schließlich noch um eine neue Gießerei mit Modellwerkstatt erweitert wird. Einzig die elektrotechnische Abteilung verbleibt an ihrem alten Standort Cannstatt.

Für eine Werbeanzeige zur internationalen Industrie- und Gewerbeausstellung in Turin 1911 ist eine Pacific der Klasse C der KWStE natürlich das passende Motiv.

Am neuen Standort in Mettingen hat der nun als Abteilung L bezeichnete Lokomotivbau jetzt alle Voraussetzungen, um weiter zu wachsen. Und die Vorzeichen hierfür stehen mehr als gut. Bei den Personenzuglokomotiven hat man – ganz dem allgemeinen Trend folgend – moderne Konstruktionen mit symmetrischer Achsanordnung für den schnellen Vorortverkehr, die sich sowohl für Vorwärts- als auch für Rückwärtsfahrt gleichermaßen eignen, im Programm. Bei den Güterzuglokomotiven ist die bereits erwähnte Klasse K schon im Planungsstadium und auch bei den Zahnrad- und den Werkslokomotiven sind die Esslinger bestens aufgestellt. Zudem haben sie 1908 bei den Schnellzuglokomotiven ihr Meisterwerk erschaffen. Die Klasse C für die KWStE gilt als eine der schönsten Pacific-Lokomotiven, die vor dem Ersten Weltkrieg entsteht und wird wegen ihres mehr als eleganten Äußeren als "Schöne Württembergerin" bezeichnet.

Und wie bei einem stets nach neuen Innovationen suchenden Hersteller wie der ME kaum anders zu erwarten, bleibt die Entwicklung in Esslingen nicht stehen.

Wie mächtig die Innenzylinder der Klasse C sind, verdeutlicht diese Aufnahme mit einem Lehrling neben dem Zylinderblock.

Ein zweiter Lehrling liefert den Größenvergleich mit einem Kuppelradsatz der Klasse C.

Bei diesem Blick in die Halle des Lokomotivbaus um 1910 verschwinden sowohl die Arbeiter als auch die Kleinbahnlokomotiven fast hinter dem Zylinderblock der Klasse K im Vordergrund.

Drangvolle Enge herrscht auf diesen Aufnahmen, auf denen verschiedene Exemplare der Klasse C für die KWStE in unterschiedlichen Fertigungsstadien zu sehen sind.

Während des Ersten Weltkrieges nimmt die ME die Fertigung von standardisierten Heeresfeldbahnlokomotiven auf.

Um 1916 dürfte dieses Foto entstanden sein. Wir sehen Lokomotiven der Klassen K und Tn für die KWStE im Rohbau.

1910 fertigt man für die Mannesmann Röhrenwerke eine erste Lokomotive mit Brotankessel. Bei diesem 1902 vom österreichischen Ingenieur Johann Brotan konstruierten Kessel werden die konstruktiven Vorteile von Rohr- und Großwasserraumkessel vereinigt. Ziel der Konstruktion war durchweg aus Kupfer bestehende Feuerbüchse zu ersetzen und so die Unterhaltskosten zu senken. Als sich im Lokomotivbau später die Stahlfeuerbüchsen mehr und mehr durchsetzen, verschwindet diese zu Undichtigkeiten neigende Konstruktion recht schnell wieder von der Bildfläche.

1913 kann die ME dann einen kleinen B-Kuppler an die Härtsfeldbahn abliefern, der für den konsequenten Einmannbetrieb ausgelegt ist. Dies erreichen die Konstrukteure durch die Verwendung eines geräumigen Kessels mit großer Rostfläche, der durch einen Kleinrauchröhrenüberhitzer und Abdampfvorwärmer besonders wirtschaftlich ist. Zudem ist die Lokomotive sehr übersichtlich gebaut mit zwischen dem Rahmen und unter dem Langkessel angeordneten Wasserkästen. Etwa zeitgleich entsteht in Esslingen auch erstmals eine Dampfspeicherlokomotive. Diese feuerlosen Lokomotiven werden an einer stationären Dampfanlage gleichsam mit Dampf "betankt". Dieser erhitzt im Kessel, der einen Druckbehälter darstellt, Wasser, welches so Energie aufnimmt. Sobald die Wassertemperatur der des eingeleiteten Dampfes entspricht, ist die Lokomotive einsatzbereit. Entnimmt man nun durch den Betrieb der Lokomotive dem Kessel Dampf, sinkt der Druck und damit der Siedepunkt des Wassers, wodurch wieder neuer Dampf entsteht, so dass die Lokomotive mehrere Stunden betrieben werden kann. Sie besitzt zudem sehr groß dimensionierte Zylinder, um auch noch bei einem Minimaldruck von 1,5 bar wieder zur Füllstation zurückfahren zu können.

Zu Beginn des Jahres 1914 präsentiert sich die Lage für die Maschinenfabrik eigentlich sehr gut. Die Auftragsbücher sind voll, man hat einen festen Kundenstamm im In- und Ausland und ein Lokomotivprogramm, das auf der Höhe der Zeit ist. Der Ausbruch des Ersten Weltkrieges wird die Lage für die Esslinger nun aber dramatisch verändern. Die Kontakte ins Ausland reißen größtenteils komplett ab und auch die Niederlassung in Saronno ist vom Mutterkonzern getrennt. Zudem verändern sich auch die Bestellungen der inländischen Kunden. Da gerade das Militär mit zunehmender Länge des Krieges auf einheitliche und damit leichter zu wartende Lokomotivkonstruktionen drängt, engt sich die Fertigung auf immer weniger Baureihen wie die T5 und T6 für die KWStE oder die G7 für das Reichs-Eisenbahn-Amt ein. Daneben startet noch die Fertigung von Heeresfeldbahnlokomotiven, die an den Fronten ihren Dienst versehen werden. Zudem erschweren die Materialknappheit und das Fehlen von Fachkräften, die an die Front einberufen werden, die Aufrechterhaltung der Fertigung immer weiter.

Als 1918 die Waffen schweigen, stehen die Esslinger wie viele andere Industrieunternehmen vor einer schwierigen Phase der Restrukturierung. Doch neue Aufträge für den Lokomotivbau kommen nur spärlich, nicht zuletzt deswegen, weil die vor dem Krieg so guten Geschäftsbeziehungen ins Ausland praktisch vollkommen erloschen sind und die dortige Kundschaft sich mittlerweile anderen Herstellern zugewandt hat. Daneben ist auch die so gewinnbringende Filiale im norditalienischen Saronno endgültig verloren, wobei es der Maschinenfabrik Esslingen zumindest noch gelingt, diese an den Industriellen Nicola Romeo zu verkaufen, unter dem sie nun unter dem neuen Namen CEMSA (Costruzioni Elettro Meccaniche di Saronno) firmiert. Zwar lasten Nachbauten der preußischen G12 und T14 für die Württembergische Staatseisenbahn und Lokomotiven als Reparationsleistungen für die Alliierten ebenso wie die Wartung und Revision von Lokomotiven die Abteilung L einigermaßen aus, doch rutscht diese wie auch der Gesamtkonzern immer tiefer in die roten Zahlen.

Die Nr. 592 mit ihrem Tender Nr. 600 ist eine standardisierte Heeresfeldbahnlokomotive.

Dies führt schließlich dazu, dass sich die Maschinenfabrik Esslingen 1920 dem Gutehoffnungshütte Konzern (GHH) anschließt, der seine süddeutsche Tochter aber auch weiterhin finanziell unterstützen muss. In dieser schwierigen Lage für das Unternehmen kann man 1921 ein Doppeljubiläum feiern. Die ME wird 75 Jahre alt und kann ihre 4000ste Lokomotive abliefern. Es handelt sich dabei um die letzte Schnellzuglokomotive der Klasse C für die Württembergische Staatsbahn, die dort noch die Betriebsnummer 2041 erhält, bevor sie in der Folge, wie auch alle anderen Länderbahnlokomotiven, in den Bestand der zum 1. April 1920 gegründeten Reichsbahn übergeht. An diese gehen dann auch 1922 die fünf Exemplare der Zahnradlokomotiven der Baureihe 97.5, die noch als württembergische Klasse Hz entwickelt worden war. Sie kommen auf der Strecke Honau – Lichtenstein zum Einsatz und sind mit einem Zahnradantrieb nach System Winterthur ausgerüstet. Dieser wird von einem eigenen Zylinderpaar angetrieben, das vor der Einfahrt in den Zahnradabschnitt, der nach System Riggenbach gestaltet ist, mit Frischdampf in Bewegung gesetzt wird. Auf reinen Adhäsionsstrecken wird dagegen nur das untere, identisch dimensionierte Zylinderpaar mit Dampf versorgt, das die Kuppelräder antreibt.

Ansonsten hält sich die neu gegründete Reichsbahn aber mit Aufträgen für neue Lokomotiven deutlich zurück. Sie hat hierfür einen Vergabeschlüssel entwickelt, der für ganz Süddeutschland eine Produktions-

1922 liefert die ME eine Serie von Schlepptenderlokomotiven in die Sowjetunion. Einige dieser Lokomotiven der Baureihe EG in unterschiedlichen Fertigungsstadien sind auf dieser Aufnahme zu sehen.

Vor der Ablieferung der Lokomotiven der Baureihe EG in die Sowjetunion werden sie auf dem ME-eigenen Prüfstand im Werk Mettingen noch einmal getestet.

Sechs Kessel für Schlepptenderlokomotiven der Klasse G12, die die Württembergische Eisenbahn ab 1919 beschafft, sehen wir hier.

Ursprünglich noch von der KWStE als Klasse Hz in Auftrag gegeben, gehen die Zahnradlokomotiven der Baureihe 97.5 1922 direkt an die Reichsbahn. Eine von ihnen, die 97 502, sehen wir hier bei der Indizierfahrt.

Im Jahr 1921 befinden sich diverse Tenderlokomotiven für Java in der Halle der Abteilung L in der Produktion.

Die Lokomotive an der Spitze dieses Personenzuges der Andenbahn ist ein ME-Produkt. Die Aufnahme ist um 1930 entstanden.

quote von 10 % vorsieht, was bedeutet, dass die ME bei zukünftigen Lieferungen der in jenen Jahren in der Entwicklung befindlichen Einheitsbaureihen lediglich 1,41 % des Auftragskuchens bekommen wird. Trotz langwieriger Verhandlungen der Geschäftsleitung sowohl mit der Reichsbahn als auch mit anderen Herstellern zur Anpassung der Quoten können keine Verbesserungen erreicht werden, so dass die Abteilung L, die einmal die wichtigste des ganzen Unternehmens war, immer tiefer in die Krise schlittert. Für ein wenig Auslastung sorgt zwar noch die Lieferung von E-Kuppler Güterzuglokomotiven in die Sowjetunion, doch sind die Auftragseinbrüche durch das ansonsten praktisch komplett fehlende Exportgeschäft und die spärliche Inlandsnachfrage so massiv, dass die Firmenleitung Teile des Lokomotivbaus stilllegen und Personal entlassen muss.

Ein erster Lichtblick ist da die Fertigstellung der 44 010 für die Reichsbahn, welche die erste Einheitslokomotive aus Esslinger Fertigung ist. Ihre Entstehung ist allerdings von diversen Schwierigkeiten überschattet, denn die ME ist praktisch nicht an der Entwicklung beteiligt und muss sie nach Plänen anderer Hersteller bauen, die oft verspätet in Esslingen ankommen. Zudem erschweren ständige Änderungswünsche seitens der Reichsbahn die Fertigstellung zusätzlich. Trotz all dieser Schwierigkeiten gelingt es der ME aber, ein kleines Fertigungslos für die 44er zu ergattern, der zwei Jahre darauf in Form der Personenzuglokomotiven der Baureihe 64 die nächsten Einheitslokomotiven folgen

Während ihrer Erprobungsfahrt um Esslingen im Jahr 1941 hat der Werksfotograf die Einheitslokomotive 44 386 mit der Fabriknummer 4453 festgehalten.

werden. Von diesen entstehen bis 1940 immerhin 45 Exemplare, die in der ersten Bauform mit Bisselgestellen, in der zweiten Version mit Krauss-Helmholtz-Gestellen ausgerüstet sind. Besondere Erwähnung bedarf hierbei die 64 293, die 1934 versuchsweise mit der von der ME von Oberingenieur Günther neu entwickelten Ventilsteuerung ausgestattet wird. Diese zeigt zwar im Einsatz eine erwartete, deutlich bessere Ausnutzung des Dampfes und somit größere Wirtschaftlichkeit, ist aber in der Handhabung recht aufwendig. Auch wenn die Reichsbahn von weiteren Experimenten damit absieht, kommt sie in der Folge noch bei verschiedenen Werkslokomotiven und einer Lokomotive der Hohenzollerischen Landesbahn zum Einbau, kann sich aber letztlich nicht durchsetzen, weil man bei der ME die hohen Kosten für die weitere Entwicklung zu einer echten Serienreife scheut.

Dies liegt letztlich auch daran, dass die Abteilung L in jenen Jahren tiefrote Zahlen schreibt, geht doch die Fertigung praktisch gegen Null. Der erste größere Auftrag kommt erst 1931 wieder, als die ME ein Los von 23 Exemplaren der Baureihe 86 zugeteilt bekommt, das sie bis 1938 an die Reichsbahn ausliefert. In der Folge nimmt das Auftragsvolumen nun langsam aber stetig wieder zu, was nicht zuletzt auch an einem Arbeitsbeschaffungsprogramm der neuen NS-Regierung liegt. Und auch das Exportgeschäft belebt sich wieder. So startet 1935 ein größerer Chileauftrag über eine Serie 1'D1'-Breitspurlokomotiven mit Vanderbilt-Tender für die Chilenische Staatsbahn, die Henschel federführend entwickelt hat.

Dass auch die Konstruktionsabteilung der ME noch nichts von ihrer Innovationskraft verloren hat, obwohl sie an der Entwicklung der Einheitslokomotiven für die Reichsbahn praktisch nicht beteiligt wird, zeigt diese 1937 einmal mehr als eindrucksvoll. So entwickeln die Esslinger Ingenieure ein Projekt einer Gelenklokomotive nach neuer patentierter Bauart. Für die brasilianische Centralbahn entwerfen sie dabei eine 1D + D Heißdampf-Doppelzylinder-Güterzuglokomotive, die eine Alternative zu den bisherigen Mallet-Lokomotiven werden soll. Leider kommt es zu keiner Bestellung.

In den nächsten Jahren füllen sich die Auftragsbücher der ME nun zusehends wieder. So wird das Unternehmen 1938 an einem Auftrag zur Lieferung von 1'D-Lokomotiven an den Iran beteiligt, welche Krupp entwickelt hat und die ihre kons-

1940: In der Halle der Abteilung L sind im Bildhintergrund eine Feldbahnlokomotive, eine 64er für die Reichsbahn und eine der fünf Dieselstraßenwalzen, welche die ME 1926 gefertigt hat, zu sehen.

Im schönsten Fotolack und bei strahlendem Sonnenschein präsentiert sich 64 499 mit der Fabriknummer 4387 dem Fotografen. In krassem Gegensatz dazu steht das Gebäude hinter der Lokomotive, das recht renovierungsbedürftig aussieht.

86 097 ist ein weiterer Vertreter der Einheitslokomotiven für die Reichsbahn. Zur Ablieferung haben sich zwei Verantwortliche des Lokomotivbaus mit ihr ablichten lassen.

1935 liefert ME eine Serie von 1'D1'-Breitspurlokomotiven mit Vanderbilt-Tendern nach Chile.

Links: Die Lokomotiven des Chile-Auftrages taugen auch als Werbemotive für Prospektcover. Rechts: Eine Lokomotive aus dem Auftrag für Indochina des Jahres 1929 ziert dagegen das Cover des Prospektes für Zahnradlokomotiven.

truktive Nähe zu den Einheitslokomotiven für die Reichsbahn kaum leugnen können. An letztere liefert die ME ab 1939 die ersten Exemplare der Baureihe 41, von der am Ende 35 Stück in Esslingen entstehen werden. Nur ein Jahr darauf startet die Fertigung von neun Exemplaren der Baureihe 56 für die türkische Staatsbahn, die ebenfalls unverkennbar ein Kind der Einheitslokomotivenfamilie der Reichsbahn ist. Von daher verwundert es dann auch kaum, dass einige von ihnen, die es kriegsbedingt nicht mehr in die Türkei schaffen, als Baureihe 58.28 in den Bestand der Reichsbahn eingegliedert werden.

Der Ausbruch des Zweiten Weltkrieges bringt natürlich auch für die ME drastische Veränderungen. Wie schon im Ersten Weltkrieg sind diverse Exportmärkte nun wieder verschlossen und je länger der Krieg andauert, desto größer werden der Material- und Fachkräftemangel. Während man letzteren durch Rationalisierungsmaßnahmen aber auch durch den Einsatz von Zwangsarbeitern einigermaßen ausgleichen kann, hat gerade die Rohstoffknappheit deutliche Auswirkungen auf die Fertigung. So wird aus der ab 1942 gefertigten Baureihe 50 für die Reichsbahn noch im selben Jahr die deutlich vereinfachte Übergangskriegsbaureihe 50 ÜK, von der dann in Form von 50 2688 ÜK die Jubiläumslokomotive mit der Fabriknummer 4500 aus den Werkshallen in Mettingen rollt. Gleichzeitig laufen schon die Planungen für noch weiter vereinfachte Kriegsbaureihen, an deren Entstehung auch die Entwicklungsabteilung der ME mit rund 600 Vorschlägen, die größtenteils Berücksichtigung finden, maßgeblich beteiligt ist.

Die erste Kriegslokomotive, die so entsteht, ist die Baureihe 52, von der allein die ME bis 1944 281 Stück fertigt. Ihr folgt nur ein Jahr später die zweite Kriegslokomotive, die Baureihe 42. Daneben ist die ME in jenen Jahren auch als Zulieferer für andere Lokomotivfabriken tätig, an die sie Kessel und Tender liefert. Daran ändert auch ein alliierter Luftangriff 1944 nichts, der nur leichte Schäden im Werk verursacht, sodass dieses bis zum Einmarsch der Amerikaner 1945 weiterarbeitet. Mit dem Kriegsende ruht die Fertigung zunächst, denn die Besatzungsmächte haben ein Neubauverbot für Lokomotiven erlassen. Da der US Army aber schnell klar wird, dass sie das Transportwesen im besetzten

Deutschland schnell wieder in Gang bringen muss, erhält die ME noch 1945 eine Ausnahmegenehmigung, in deren Rahmen bis 1947 noch 15 Exemplare der Baureihe 42 entstehen, von denen die 42 1597 direkt in die USA verschifft werden wird. Daneben macht die ME das, was sie auch schon nach dem Ersten Weltkrieg getan hat, sie übernimmt im Auftrag der gerade in ihrer Entstehung befindlichen Bundesbahn die Wartung und Aufarbeitung von Vorkriegslokomotiven.

Von diesen hat sie bis 1950, als das Neubauverbot der Alliierten endgültig fällt, über 450 instandgesetzt, wobei diese teils so kriegsbeschädigt waren, dass es praktisch Neubauten waren. Hinter den Kulissen waren die Konstrukteure der Esslinger aber natürlich nicht untätig gewesen und haben im Rahmen eines über die GHH-Tochter Ferrostaal angebahnten Auslandsgeschäfts eine Serie von drei kombinierten Zahnrad-Adhäsionslokomotiven für Chile entwickelt, die sich 1950 auf den Weg nach Südamerika machen. Gleichzeitig arbeitet man fieberhaft mit an der Entwicklung neuer Einheitslokomotiven für die Bundesbahn. Dies mündet 1951 in die Auslieferung der ersten 82er, der bis 1955 noch acht weitere folgen werden. Zwei Exemplare der Lieferserie, die 82 040 und 041 sind dabei mit einer Riggenbach-Gegendruckbremse ausgestattet.

Diese kleinen Erfolge vermögen aber nicht zu verdecken, was sich schon länger abzeichnet. Das Dampflokomotivenzeitalter geht langsam aber sicher seinem Ende entgegen. Und so dauert es dann auch bis 1954, bis man wieder einmal zwei neue Dampflokomotiven fertigen kann. Es handelt sich dabei um F1-Zahnradlokomotiven nach System Abt für die Argentinische Staatsbahn, die die damals leistungsfähigsten Meterspurzahnradlokomotiven der Welt sind. Ihnen folgen ab 1955 20 Exemplare der ölgefeuerten, meterspurigen 1'D1'-Schlepptenderlokomotiven der Baureihe Z für die Irakische Staatsbahn, welche die ersten Lokomotiven sind, die eine deutsche Lokomotivfabrik jemals in den Irak liefert. Neben diesen Komplettlokomotiven kann die ME weitere zahlreiche Aufträge über die Fertigung von Ersatzkesseln an Land ziehen, die in den 1950er-Jahren an die Bundesbahn aber auch an etliche Auslandskunden, wie etwa die Indische Staatsbahn gehen.

Im Jahr 1938 wird die ME an der Produktion einer Serie Schlepptenderlokomotiven der Bauart Consolidation für den Iran beteiligt, die wir hier in der Fertigung sehen.

Die Iran-Lokomotiven, die Krupp federführend entwickelt hat, lassen Gemeinsamkeiten mit den Einheitslokomotiven der Reichsbahn erkennen

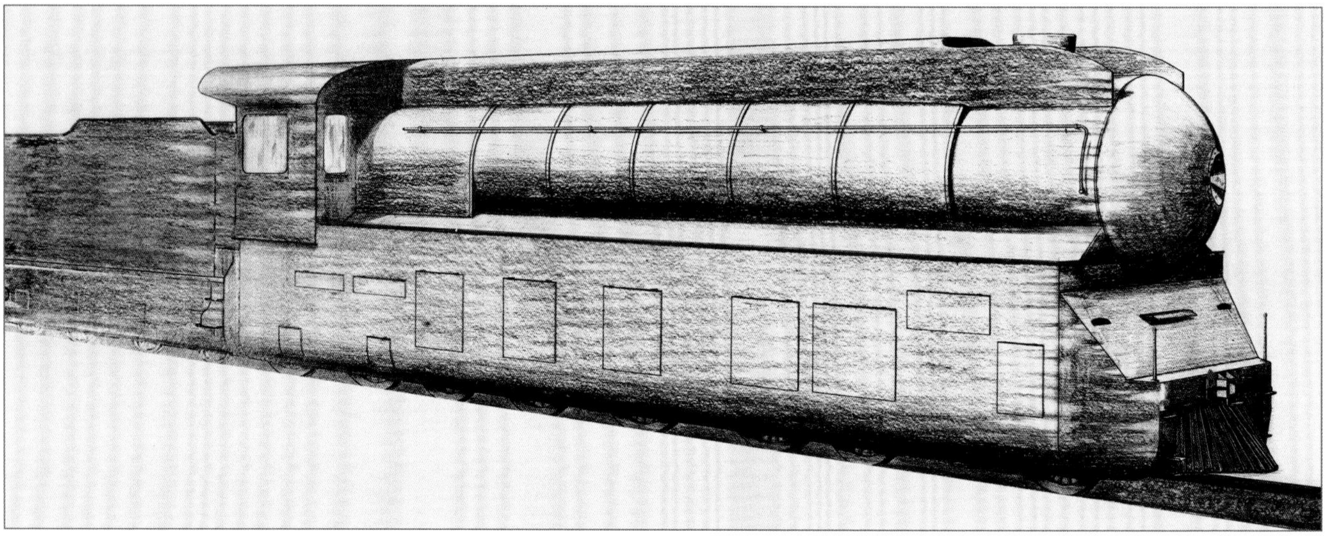

In den 1930er-Jahren entwickeln die Ingenieure der ME zahlreiche Ideen für neue Lokomotiven, die aber, wie diese Stromlinienlokomotive, fast alle nur Projekte bleiben

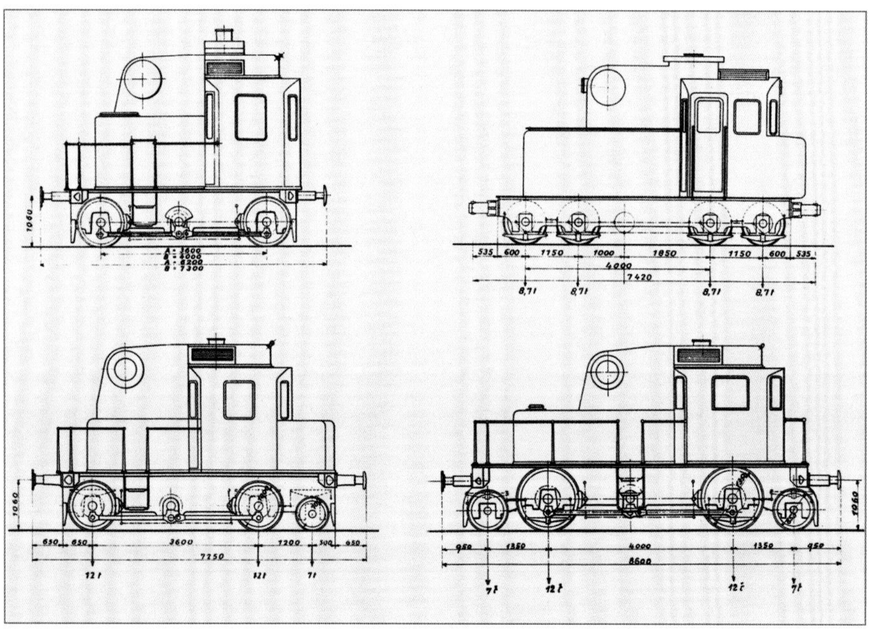

Hier sehen wir das Konzept für eine Familie von Dampfmotorlokomotiven.

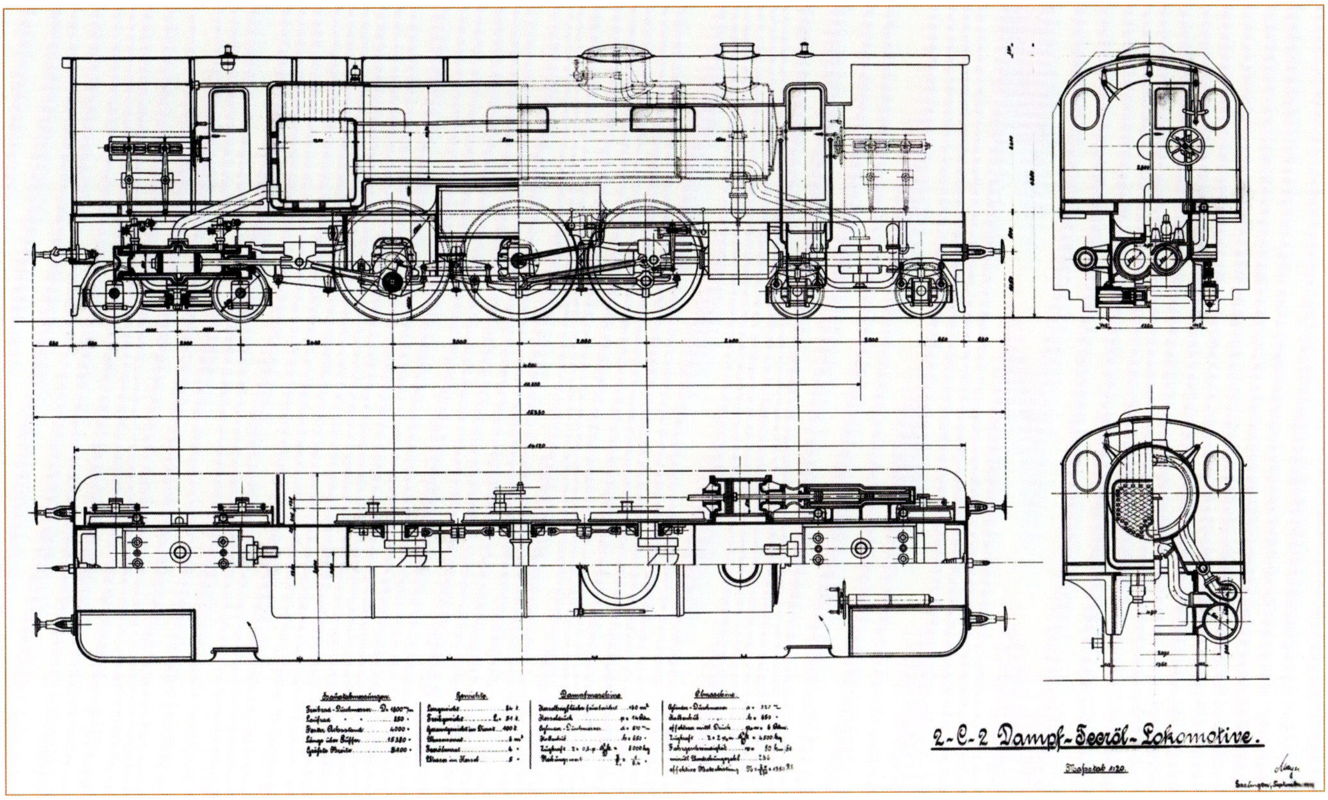

Auch der Plan für eine 2'C2'-Dampf-Teeröl-Lokomotive entsteht in jenen Jahren.

1939 befinden sich zwei 41er für die Deutsche Reichsbahn in der Endmontage.

Im Fotolack präsentiert sich 41 188 dem Fotografen.

Für die türkische Staatsbahn produzieren die Esslinger 1939 neun Lokomotiven der Baureihe 56. Auch sie sind Kinder der Einheitslokomotivenfamilie.

Während des Krieges entsteht eine Fotoserie, welche die Arbeiten in der Kesselschmiede im Werk Mettingen zeigt. Hier werden gerade mit einer Presse die Flansche an einer Stehkesselrückwand gebörtelt.

Auf dieser Aufnahme ganz links führen zwei Arbeiter Schweißarbeiten an einem Stehkessel durch. Die beiden Arbeiter im rechten Foto reiben dagegen die Querankerlöcher am Stehkessel aus.

Die GHH als Eigentümerin der ME lässt natürlich ihre Werkslokomotiven dort fertigen. Die Nr. 54 entsteht 1942 unter der Fabriknummer 4470.

Mitte links: Nach dem Zweiten Weltkrieg lastet die Reparatur von kriegsbeschädigten Lokomotiven die Abteilung L zumindest teilweise aus. Hier wird ein Zylinder ausgebohrt.
Mitte rechts: Auf einer Drehbank wird ein Kuppelradsatz abgedreht.
Rechts Mitte: An diesem Rahmen sind Richtarbeiten erforderlich, die mittels großer Hydraulikzylinder in einem improvisierten Portalrahmen erfolgen.
Ganz rechts: Im Innern einer Feuerbüchse werden Stehbolzen verstemmt.

Links: Von der Rauchkammer dieser Güterzuglokomotive aus werden die Muttern der Laufsteghalter festgezogen. Rechts: Zur Befestigung der Griffstangen wird ein zweiter Mann benötigt, der die Schraubenköpfe gegenhält, während von innen die Muttern angezogen werden.

41 186 hat das Werk in Mettingen schon 1939 verlassen. Sie taugt aber auch in den 1950er-Jahren noch als Motiv für ein Prospektcover.

Für dieses Prospektcover der ME aus den 1950er-Jahren dient eine Montage-Szene der Iran-Lokomotiven aus dem Jahr 1938.

Rechts: Industrie- und Werkslokomotiven machen in den 1950er- und 1960er-Jahren den Hauptteil der Dampflokomotivenproduktion aus. Ein Beispiel ist dieser C-Kuppler für die Papierfabrik Albbruck, die zu den Lonza-Werken in Waldshut gehört.

Mitte rechts: 1951 wird die ME an der Produktion der Baureihe 82 für die Deutsche Bundesbahn beteiligt. Während der Rahmen einer 82er durch die Werkhalle transportiert wird, warten mehrere Führerhäuser auf den Einbau. Dahinter ist eine von zwei für bayerische Elektrizitätswerke gebauten Akkuloks zu sehen.

Unten rechts: Hier sehen wir eine der 82er in der Montage.

Unten links: Für eine Werbeanzeige vereint man die erste Lokomotive der Maschinenfabrik, die "Esslingen", mit der 82er, um so auf die lange Tradition des Lokomotivbaus hinzuweisen.

Die zahlreichen Kessel für Indien können nicht darüber hinwegtäuschen, dass die Dampflokomotive ein Auslaufmodell ist. Und so sind vor und hinter den Kesseln schon Teile der dieselbetriebenen Nachfolger zu sehen.

Mit den Schlepptenderlokomotiven der Baureihe 23 endet die Fertigung von Dampflokomotiven für die Bundesbahn bei der ME. Zeitgleich mit ihnen produzieren die Esslinger auch die V60, wie auf diesen beiden Aufnahmen aus dem Werk Mettingen zu sehen ist.

Nichtsdestotrotz sinken die Auftragszahlen der Abteilung L kontinuierlich,trotz aller Versuche, die ME auch als Hersteller von Diesellokomotiven am Markt zu etablieren. Dies führt schließlich dazu, dass der Vorstand am 12. September 1957 die Entscheidung fällt, den Dampflokomotivbau aufzugeben. Am 12. Dezember desselben Jahres wird die letzte 23er an die Bundesbahn übergeben und auch der Kesselbau im Auftrag der DB läuft bis 1959 aus. Zu diesem Zeitpunkt ist die Abteilung L bereits Geschichte, denn sie wurde zum 1. Juli 1958 in den Wagenbau eingegliedert. Getreu dem Motto, dass Totgesagte länger leben, rollen ab 1964 aber doch noch einmal neu entwickelte Dampflokomotiven aus den Werkshallen in Mettingen. Für den Einsatz auf der Padangbahn hat die Indonesische Staatsbahn, deren Vorgängergesellschaft Staatsspoorwegen schon seit holländischen Kolonialzeiten ein treuer ME-Kunde war, bei den Esslingern eine Serie von E/ah2-Zahnradlokomotiven mit 1067 mm Spurweite in Auftrag gegeben. Den Lokomotiven mit den Betriebsnummern E 10.51 bis 54 folgt 1966 noch eine zweite Lieferung von sechs identischen Maschinen.

Die letzte von ihnen, die E 10.61 wird am 21. Oktober 1966 mit der Fabriknummer 5316 als letzte Dampflokomotive und letzte Lokomotive der ME überhaupt an die Indonesische Staatsbahn übergeben. Mit ihr endet, kurz vor dem 120-jährigen Jubiläum, die Geschichte des Lokomotivbaus der Maschinenfabrik Esslingen. Das Unternehmen selbst, das bereits seit 1965 mehrheitlich dem Daimler Benz-Konzern gehört, geht in der Folge vollständig in dessen Besitz über. Da dieser nur an den Grundstücken und vor allem der Gießerei interessiert ist, löst er bis 1968 außer dieser und den Abteilungen Maschinen- und Fahrzeugbau alle anderen Abteilungen auf. Den Maschinenbau verkauft Daimler-Benz noch im selben Jahr an die GHH, während die Hamburger Still AG den Fahrzeugbau übernimmt. Die verbliebene Gießerei wird in die Daimler-Benz AG eingegliedert, die die Werksanlagen in Mettingen 1969 von der Maschinenfabrik Esslingen pachtet. Diese existiert noch bis 2003 als Grundstücks- und Verpachtungsgesellschaft im Besitz der Daimler-Benz AG weiter.

23 077 ist die erste von vier 23ern, die die ME für die Bundesbahn produziert.

Mitte links: Die Killesbergbahn in Stuttgart ist die älteste von drei heute noch existierenden Liliputbahnen in Deutschland. Sie wird 1939 anlässlich der Reichsgartenschau eingeweiht und weist eine Spurweite von 15 Zoll auf. 1958 übernimmt die ME die Hauptuntersuchung der 2'C1'-Schlepptenderlokomotive "Tazzelwurm", welche 1950 von Krauss-Maffei für die Killesbergbahn gebaut worden war.

Auf dem Werksgelände in Mettingen, wo die ME ein Museum eingerichtet hatte, stehen 1963 die Werkslokomotive Nr. 2, eine württembergische T3, die als "Eschenau" an die KWStE geliefert wurde, und die 97 502. Nach der Übernahme der Maschinenfabrik durch die Daimler AG findet die 97 502 im Eisenbahnmuseum Bochum-Dahlhausen ein Zuhause, während die T3 im Technoseum in Mannheim landet.

Mit der für die Indonesische Staatsbahn auf Sumatra bestimmten E10 60 endet am 21. Oktober 1966 der Lokomotivbau bei der Maschinenfabrik Esslingen.

Deutschland

Lokomotiven für die Königlich Württembergische Staatsbahn

Klasse III

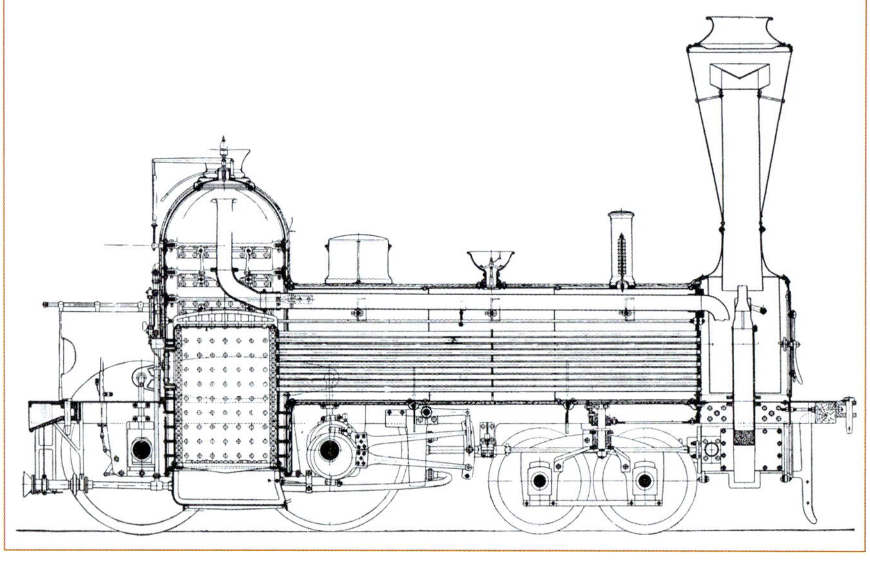

Die 2'B-Schlepptenderlokomotiven der Klasse III sind die ersten von Emil Kessler selbst entwickelten Dampflokomotiven für die KWStE. Sie entstehen zwischen 1846 und 1853 in insgesamt 41 Exemplaren zunächst in Karlsruhe und dann ab 1847 bei der ME. Konstruktiv orientieren sie sich an der Klasse I, die noch von Norris aus Philadelphia geliefert wurde, weisen aber bereits einen eckigen Stehkessel und einen verbesserten Rahmen auf, an dem jetzt auch die nun waagerecht angeordneten Zylinder befestigt sind.

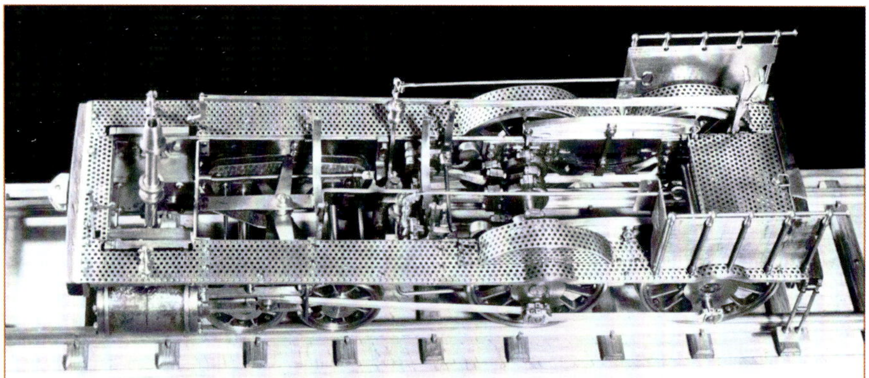

Zu Ehren des 70. Geburtstages des langjährigen Vorstandsvorsitzenden der GHH Dr.-Ing. e.h. Paul Reusch fertigen die Lehrlinge der ME 1938 ein Modell der "Esslingen", der ersten von der ME gefertigten Lokomotive, an. Hier sehen wir das Fahrwerk im noch unlackierten Zustand.

Das fertige Modell der "Esslingen" hat der Werksfotograf auf diesen beiden Aufnahmen verewigt. Leider ist die Originallokomotive nicht erhalten geblieben, zumal die Lokomotiven der Klasse III im Laufe ihres Lebens teils mehrfach umgebaut wurden.

In den 1950er-Jahren entsteht ein zweites Modell der "Esslingen", dem man sogar noch einen Personenwagen spendiert. Es ist allerdings in vielen Details deutlich grober gestaltet als das Modell von 1938.

Dass sich hinter der "Glatt" eigentlich eine Lokomotive der Klasse III verbirgt, ist kaum noch zu erkennen. Ursprünglich trug die Lokomotive den Namen "Teck" und wurde 1849 an die KWStE ausgeliefert. 1864 erfolgt ein erster Umbau zur neuen Klasse D und die Namensänderung in "Glatt". 1879 wird diese erneut umgebaut zur Klasse T4a mit der Achsfolge 2B.

Klasse IV

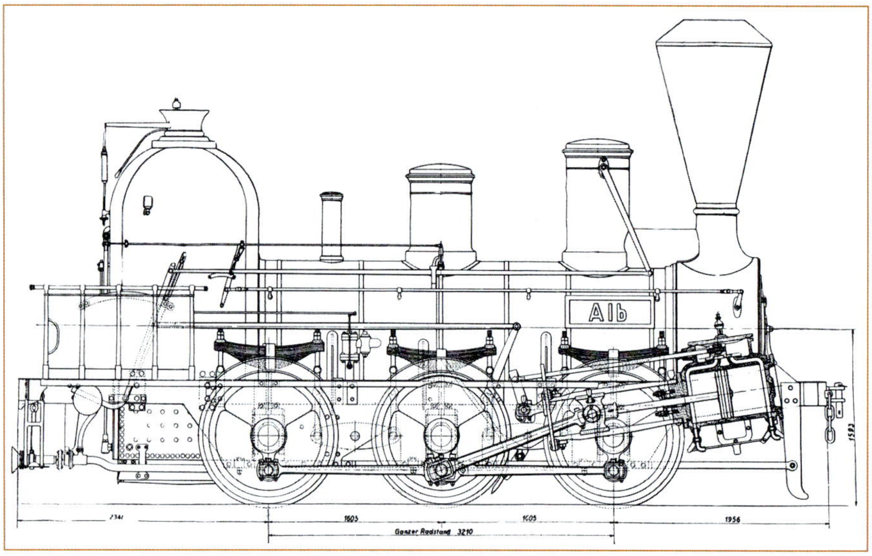

Für den Albaufstieg über die Geislinger Steige benötigt die KWStE deutlich leistungsstärkere Konstruktionen als die bisher vorhandenen Lokomotiven. Kesslers Chefingenieur Josef Trick entwirft hierfür die C-Kuppler der Klasse IV oder Albklasse, von denen die ME zwischen 1849 und 1851 fünf Exemplare ausliefert.

Klasse V

Links: Als Weiterentwicklung der Klasse III entstehen 1854 die fünf Exemplare der Klasse V. Auch sie sind 2'B-Schlepptenderlokomotiven, weisen aber eine auf 68 m² vergrößerte Heizfläche und größere Zylinder auf. Bis 1881 sind alle Lokomotiven dieser Klasse zu 1B-Maschinen der neuen Klasse B3 umgebaut, wie auch die "Wuerttemberg", die wir hier sehen.

Unten: Der bekannte Esslinger Fotograf Wilhelm Mayer hat die "Wuerttemberg", welche die Betriebsnummer 57 und die Fabriknummer 246 hatte, hier vor einem beeindruckenden Personenzug nahe Esslingen festgehalten.

Klasse VI (später A)

Als erste, reine Personenzuglokomotiven schafft die KWStE ab 1854 die 2'B-Schlepptenderlokomotiven der Klasse VI an (ab 1858 Klasse A). Sie weisen Treibräder mit 1842 mm Durchmesser und einen Kessel einfacherer Bauart, ohne die bisher übliche, kuppelförmige Überhöhung der Feuerbüchse auf. Die "Heidelberg", die wir hier sehen, entsteht 1855 unter der Fabriknummer 262 und wird bei der KWStE die Nummer 61 tragen.

Klasse VII (später D)

Die Weiterentwicklung der Klasse VI ist die Klasse VII (ab 1858 Klasse D). Diese 2'B-Schlepptenderlokomotiven sind schwere Personenzuglokomotiven mit verlängertem Kessel und glatter Feuerbüchsendecke sowie einem verlängerten Gesamtradstand. Von ihr entstehen bis 1865 insgesamt 51 Stück, wobei sechs Exemplare von der Staatsbahnwerkstätte in Esslingen montiert werden. Die "Esslingen", die wir hier sehen, rollt 1864 unter der Fabriknummer 681 aus den Werkshallen der ME.

Auf diesem Foto ist der Tender der "Esslingen" zu sehen.

Die "Ellwangen" ist kaum noch als eine Lokomotive der Klasse VII wiederzuerkennen. 1877 wird die 1860 gelieferte Lokomotive erstmals umgebaut zur Klasse B3 mit der Achsfolge 1B. 1896 erfolgt ein zweiter Umbau zur Klasse Fb mit der Achsfolge 1C.

Klasse E

Da die C-Kuppler der Klasse IV den schwachen Oberbau zu stark beanspruchten, setzt die KWStE bei den ab 1859 in 25 Exemplaren beschafften Güterzuglokomotiven der Klasse E wieder auf ein mittels Drehgestell geführtes Fahrwerk der Achsfolge 2'B. Ein Vertreter dieser Gattung ist die "Einkorn", die als vorletztes Exemplar der Baureihe 1863 unter der Fabriknummer 615 fertiggestellt wird.

Klasse Aa

Ab 1878 beschafft die KWStE 1B-Schlepptenderlokomotiven der Klasse A (ab 1893 Klasse Aa) für den Personenverkehr. Sie sind steifachsige Lokomotiven ohne Drehgestell mit kleinem Treibraddurchmesser und einem kurzen Gesamtachsstand von 4 m. Die "Elberfeld", die wir hier sehen, stammt aus der Lieferserie des Jahres 1878. Sie trägt bei der KWStE die Betriebsnummer 325 und hat die ME-Fabriknummer 1715.

Klasse Ac

Die 1B-Schlepptenderlokomotiven der Klasse Ac stellen eine Weiterentwicklung der Klasse A dar. Sie weisen ein Verbundtriebwerk auf und einen Kesseldruck von 14 bar, wodurch sie wesentlich wirtschaftlicher betrieben werden können als ihre Vorgänger. Die Auslieferung der ersten Exemplare der Klasse Ac startet 1889 und zieht sich bis 1897 dahin. Die "Feuerbach" stammt aus der Erstlieferung von fünf Musterlokomotiven im Jahr 1889 und hat die Fabriknummer 2283. (Nachlass Braitmaier - Wirtschaftsarchiv Baden-Württemberg)

Klasse AD

Für den Schnellzugeinsatz auf ihrem Streckennetz ordert die KWStE bei der ME eine Serie von leichten 2'B-Schlepptenderlokomotiven. Die Klasse AD weist ein Zweizylinderverbundtriebwerk mit außenliegenden Zylindern mit Flachschiebern und 1800 mm Triebraddurchmesser auf. Aus dem Jahr 1899 stammt diese AD mit der Betriebsnummer 452.

Zur Lieferserie von 1900 gehört dagegen die AD mit der Betriebsnummer 461, die wir hier, schon deutlich vom Betriebseinsatz gezeichnet sehen. Ein Charakteristikum der Klasse AD sind die zwei Dampfdome mit Verbindungsrohr.
(Nachlass Braitmaier - Wirtschaftsarchiv Baden-Württemberg)

Hier hat Wilhelm Mayer eine AD aus einer der Lieferserien vor 1903 nahe Esslingen vor einem Personenzug fotografisch verewigt.

Ab 1903 kommen bei der Klasse AD Zylinder mit Kolbenschiebern zum Einbau, wodurch auch der Umlauf seine Kontur verändert. Ein Vertreter dieser neuen Bauform ist die 1504.

Mit geöffneter Rauchkammertür präsentiert sich die ablieferungsbereite Nr. 1506 dem Fotografen.

Hier sehen wir die spätere 1506 beim versuchsweisen Einbau eines Cole-Überhitzers.

Klasse ADh

Die KWStE entscheidet sich erst relativ spät zur Einführung des Heißdampfverfahrens. So entstehen erst 1907 zwei Versuchslokomotiven auf Basis der bekannten Klasse AD. Diese bewähren sich, sodass bis 1909 17 Exemplare der Klasse ADh angeschafft werden. Eine der beiden Versuchslokomotiven von 1907, die 1540, sehen wir auf diesem Foto.

Klasse B

Die steifachsigen 1B-Schlepptenderlokomotiven der Klasse B ordert die KWStE 1868 erstmals bei der ME. Bis 1873 fertigt sie am Ende 86 dieser Personenzuglokomotiven mit innenliegender Allan-Steuerung . Eines der ersten Exemplare, das noch die alte Klassenbezeichnung D trägt, ist die "Weissenstein" aus dem Jahr 1868 (Fabriknummer 877).

Die "Graz", die der Fotograf hier vor der Kulisse Esslingens in Szene gesetzt hat, entsteht 1869 mit der Fabriknummer 916. Sie besitzt bereits die mittels Handrad betätigte Schraubenumsteuerung.

Den charakteristischen zweiachsigen Tender der Klasse B mit der von weitem erkennbaren Füllstandsanzeige sehen wir hier.

Das Baujahr der "Wetzlar" ist 1875. Die Lokomotive mit der Fabriknummer 1488 wird 1896 in eine Lokomotive der Klasse Ab umgebaut.

Klasse C

Den Höhepunkt des Lokomotivbaus in Württemberg stellen mit Sicherheit die 2'C1'-Schnellzuglomotiven der Klasse C dar, die die KWStE ab 1909 in insgesamt 41 Exemplaren von der ME erhält. Ein Charakteristikum dieser kleinsten deutschen Pacific ist der Blechrahmen mit außenliegendem Hilfsrahmen, niedrigem Umlauf und Radkästen für die Kuppelachsen.

Der Kessel der Klasse C weist eine Rohrlänge von 5,5 m auf und hat einen besonders großen, breiten Rost.

Hier blicken wir auf den Führerstand einer württembergischen C mit den für diese Lokomotive typischen zwei Feuertüren.

Im Laufe ihrer Dienstzeit wurden die Tender der Klasse C durch größere Exemplare mit mehr Fassungsvermögen für Kohle und Wasser ersetzt. Einen dieser von der Maschinenfabrik ebenfalls gefertigten neuen Tender sehen wir auf dieser Aufnahme.

Die erste Lokomotive der Klasse C liefert die ME unter der Fabriknummer 3444 im Jahre 1909 an die KWStE, die sie mit der Betriebsnummer 2001 in ihren Bestand einreiht. Nach Ende des Ersten Weltkrieges wird die 2001 als Reparationsleistung nach Frankreich gehen.

(Nachlass Braitmaier -Wirtschaftsarchiv Baden-Württemberg)

Die 2001 wird natürlich von der ME auch ausgiebig für Werbefotos genutzt, wobei sie hier nur als Staffage dient, um eine Kreiselpumpe aus Esslinger-Fertigung in Szene zu setzen, mit der die Feuerbüchse ausgewaschen wird.

Ebenfalls noch 1909 wird die 2002 fertiggestellt, welche die ME-Fabriknummer 3445 trägt. Auf diesem Ablieferungsfoto sehen wir sie noch mit dem kleineren Tender. Sie wird später von der Deutschen Reichsbahn übernommen werden, die sie in die Baureihe 18.1 einordnet.

Aus der Lieferserie des Jahres 1910 stammt die C mit der Betriebsnummer 2007, die der Werksfotograf hier beim Auswaschen der Feuerbüchse mit einer fahrbaren Kreiselpumpe verewigt hat.

Die letzte Lokomotive der Klasse C, welche die Betriebsnummer 2041 erhält, wird erst 1921 fertiggestellt werden. In der Lackiererei im Werk Mettingen erhält sie hier gerade den letzten Schliff zusammen mit einigen gedeckten Güterwagen, die ebenfalls an die Württembergische Eisenbahn gehen.

Die 2041 ist eine ganz besondere Lokomotive. Sie ist nämlich die 4000ste, welche die Maschinenfabrik Esslingen fertigt. Daher mag es kaum verwundern, dass man den Jubilar werbewirksam in Szene setzt und von allen Seiten ablichtet.

Hier hat der bekannte Esslinger Fotograf eine Württembergische C vor dem Orient-Express erwischt, der gerade der Geislinger Steige entgegeneilt.

Gleich zwei schöne Württembergerinnen ziehen einen Schnellzug die Geislinger Steige hinauf. Die führende 18 129 ist dabei die ehemalige 2033 der KWStE, die 1919 von der ME ausgeliefert wurde.

Klasse D

Für den schweren Schnellzugdienst auf steigungsreichen Strecken entwickelt die ME 1898 die 2'C-Schlepptenderlokomotiven der Klasse D für die KWStE. Insgesamt entstehen bis 1905 15 Exemplare dieser Baureihe, wobei die abgebildete 422 im Jahr 1898 unter der Fabriknummer 2912 ausgeliefert wird.

Eben diese 422 hat Wilhelm Mayer hier vor einem Schnellzug auf der Filstalbahn nahe Esslingen festgehalten.

Klasse F

Da sich die Lokomotiven der Klasse E mit ihrem Laufdrehgestell im Güterzugeinsatz nicht wirklich bewähren, kehrt man 1864 bei der Klasse F wieder zu der dreifach gekuppelten Bauform zurück. Ein Exemplar der ersten Lieferserie von 1864 ist die "Schramberg", die bei der KWStE die Betriebsnummer 136 trägt.

Hier sehen wir den dreiachsigen Tender der "Schramberg".

Aus dem Jahr 1871 stammt dagegen die "Ries", welche die Betriebsnummer 260 hatte. Insgesamt ordert die KWStE bis 1880 98 Exemplare der Klasse F bei der ME.

Klasse F1

Die C-Kuppler mit Klose-Fahrwerk der Klasse F1 liefert die ME zwischen 1894 und 1896 in insgesamt 28 Exemplaren an die KWStE. Die "Murg" ist dabei die erste Lokomotive der Serie, die 1894 unter der Fabriknummer 2646 fertiggestellt wird. Charakteristisch für die Klasse F1 ist das Innenzylinder-Triebwerk.

Klasse F1c

Wie man unschwer erkennt, ist die Klasse F1c eng mit der Klasse F1 verwandt, wobei die F1c die Vorgängerbaureihe der F1 ist. Auch sie ist ein C-Kuppler mit Klose-Fahrwerk, der allerdings einen Außenzylinder und innenliegende Steuerung aufweist. Von der Klasse F1c fertigt die ME im Jahr 1898 insgesamt sechs Maschinen, wobei die "Weichsel" die Fabriknummer 2581 hat.

Klasse Fc

Die C-Kuppler der Klasse Fc sind die ersten Güterzuglokomotiven der KWStE, die mit dem Verbundsystem ausgerüstet sind. Ansonsten entsprechen sie konzeptionell weitgehend der Klasse F. Die "Schalkstein", die 1891 ausgeliefert wird, posiert hier für eine Werbeaufnahme auf einer Drehscheibe aus ME-Fertigung.

Aus einer Lieferserie des Jahres 1900 stammt die 692, die wir hier sehen. Insgesamt entstehen zwischen 1890 und 1909 125 Exemplare dieser Baureihe, wobei acht davon in der Staatsbahnwerkstätte Esslingen montiert werden.

Klasse Fz

Speziell für den Einsatz auf der Zahnradstrecken Honau - Lichtenstein und Freudenstadt - Klosterreichenbach ordert die KWStE eine Serie von neun Lokomotiven der Klasse Fz. Da sie für den Einsatz auf Adhäsions- und Zahnradstrecken konzipiert sind, weisen sie getrennte Triebwerke für Adhäsions- und Zahnradbetrieb auf, wobei das innenliegende Zylinderpaar für den Zahnradantrieb auf Adhäsionsstrecken stillgelegt werden kann. Die "Achalm" ist die erste Lokomotive der Baureihe und stammt aus dem Jahr 1893.

Auch die "Muensingen" liefert die ME 1893 an die KWStE aus. Wie ihre drei Schwestermaschinen dieses Baujahres kommt sie auf der Strecke Honau – Lichtenstein zum Einsatz.

Die 596 stammt dagegen aus der zweiten Lieferserie der Klasse Fz, die zwischen 1899 und 1904 für die Murgtalbahn zwischen Freudenstadt – Klosterreichenbach entsteht. Im Gegensatz zur ersten Lieferserie weisen die Exemplare wie die Klasse AD ein Verbindungsrohr zwischen den Dampfdomen auf dem ersten und dritten Kesselschuss auf.

(Nachlass Braitmaier - Wirtschaftsarchiv Baden-Württemberg)

Klasse G

Für den schweren Güterzugdienst entwickelt die ME im Auftrag der KWStE 1892 die E-Kuppler der Klasse G. Aufgrund ihres massigen Erscheinungsbildes erhalten sie schnell den Spitznamen "Württembergische Elephanten". Um bei diesen Fünfkupplern die Bogenläufigkeit zu gewährleisten, kommt wieder ein gelenkiges Triebwerk nach System Klose zur Anwendung.

Klasse G12

Die Klasse G12, die die Württembergische Eisenbahn ab 1919 beschafft, ist keine Eigenentwicklung der ME sondern ein Nachbau der bereits 1917 erstmals vorgestellten G12 der preußischen Staatsbahn – ein erster Schritt hin zu den Einheitslokomotiven späterer Jahre. Die 1902 stammt aus der ersten Lieferserie von 21 Lokomotiven, die 1919 fertiggestellt werden.

Ebenfalls aus der ersten Lieferserie der Klasse G12 aus dem Jahr 1919 stammt die 1908, die wir hier sehen.

Auch die 1913 wird im Jahr 1919 ausgeliefert. Wie ihre Schwestermaschinen wird sie später als Baureihe 58^{5} im Bestand der Reichsbahn aufgehen.

Ein Exemplar der letzten Lieferserie aus dem Jahr 1922 sehen wir hier in Form der 5762.

Bereits mit der Reichsbahn-Betriebsnummer 58 541 ist diese G12 versehen. Sie stammt aus der Lieferung des Jahres 1922.

Klasse H

Die nächste Evolutionsstufe der fünffach gekuppelten Güterzuglokomotiven stellt die Klasse H dar. Bei ihr ist die gute Bogenläufigkeit durch seitlich verschiebbare Kuppelachsen gegeben. Insgesamt ordert die KWStE zwischen 1905 und 1909 acht dieser Lokomotiven. Die 811 stammt aus der ersten Lieferserie des Jahres 1905 und wird nach Ende des Ersten Weltkrieges mit drei weiteren Exemplaren der Klasse H als Reparationsleistung abgegeben.

Die verbliebenen vier Lokomotiven der Klasse H werden von der Reichsbahn als Baureihe 57^3 geführt und erhalten später noch einen dritten Sanddom.

Klasse Hh

Da die Zuglasten der zu befördernden Güterzüge weiter anwachsen, entwickelt die ME im Auftrag der KWStE die bewährte Klasse H 1909 zur Klasse Hh weiter. Die Grundkonzeption der Klasse H wird dabei beibehalten, nur kommen nun ein Kessel und Triebwerk für Heißdampf zur Anwendung, womit die Klasse Hh trotz geringeren Kesseldrucks und einem einfachen Zwillings- statt eines Verbundtriebwerkes eine deutlich höhere Leistung entwickelt als die Klasse H. Nr. 826 stammt aus der ersten Lieferserie des Jahres 1909. Von den insgesamt 23 Exemplaren der Klasse Hh gelangen noch 17 zur Reichsbahn, die sie als Baureihe 57^4 in ihren Bestand einreiht.

Klasse K

Gerade die Strecke über die Geislinger Steige macht immer leistungsstärkere Lokomotiven nötig. Den Höhepunkt der Güterzuglokomotiventwicklung in Württemberg stellt hierbei sicherlich die Klasse K dar, die 1917 erstmals ausgeliefert wird. Die sechsfach gekuppelten Schlepptenderlokomotiven mit der Achsfolge 1'F besitzen einen einteiligen Rahmen mit seitenverschiebbarer erster und letzter Kupelachse, den wir hier in der Fertigung sehen.

Einen Blick in den Führerstand einer württembergischen K gewährt uns diese Aufnahme.

Die 1802 ist die zweite K, die die ME an die KWStE ausliefert. Sie wird 1918 unter der Fabriknummer 3766 fertiggestellt.

Im selben Jahr kann die Maschinenfabrik auch die 1803 an die KWStE ausliefern.

Ganz oben: Die 1810, von der wir hier die Seitenansicht sehen, stammt ebenfalls aus dem Jahr 1918.
Zweites von oben: Im Jahr 1919 wurde die 1815 fertiggestellt, die die ME-Fabriknummer 3857 hatte. Auf dieser Werbeaufnahme posiert die Lokomotive auf einer Schiebebühne aus ME-Fertigung.
Drittes von oben: Bis 1924 entstehen noch 29 weitere Lokomotiven der Klasse K, die aber sofort als Baureihe 59^0 in den Bestand der Reichsbahn übergehen wie die hier porträtierte 59 040.
Rechts: Aus einer Lieferung des Jahres 1923 stammt die 59 020, die wir auf dieser Aufnahme sehen. Wie an den Tarnscheinwerfern unschwer zu erkennen ist, ist das Foto während des Zweiten Weltkrieges entstanden.

Klasse T

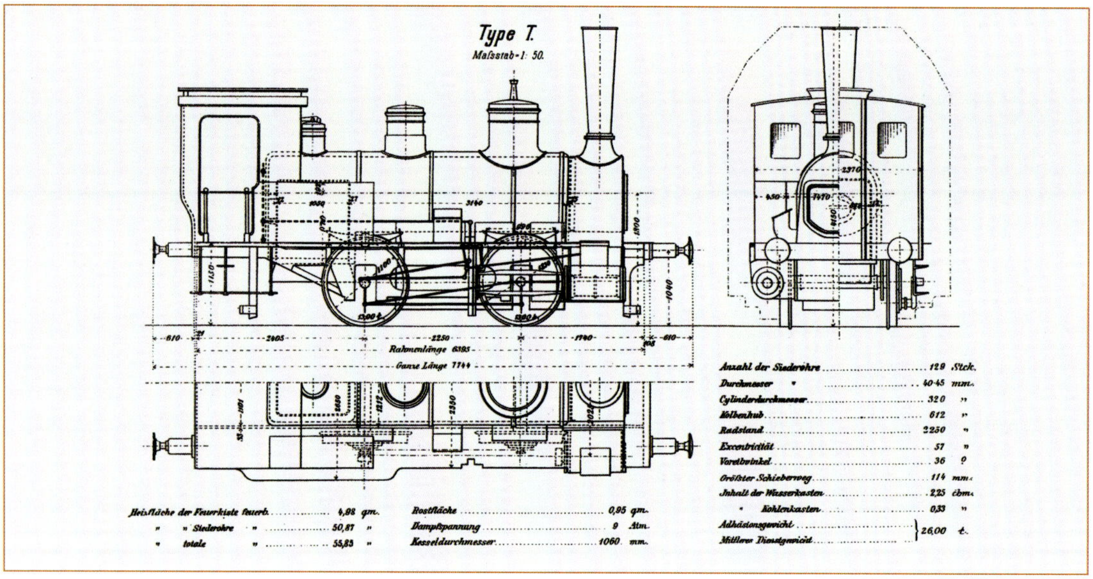

Für den Einsatz auf der Ermstalbahn ordert die KWStE 1873 drei B-Kuppler der Klasse T bzw. Tu bei der ME. Diese entsprechen konstruktiv einer Serie von zehn Lokomotiven, die bereits zuvor an die Schweizer Nordostbahn geliefert wurden. Für den Nebenbahneinsatz sind sie als Tenderlokomotiven ausgeführt.

Klasse T3

Im Gegensatz zu anderen Eisenbahngesellschaften deckt die KWStE ihren Bedarf an Tenderlokomotiven lange Zeit durch Umbauten älterer Lokomotiven. Erst 1891 ordert man eine Serie von dreifach gekuppelten Tenderlokomotiven der Klasse T3, von der bis 1913 114 Exemplare in verschiedenen Bauformen entstehen. Die "Schramberg" wird zusammen mit drei Schwesterlokomotiven für den Einsatz auf der Strecke Schiltach - Schramberg angeschafft. Da dort zahlreiche, enge Kurven vorhanden sind, besitzt sie ein Klose-Triebwerk mit Lenkeinrichtung.
(Nachlass Braitmaier - Wirtschaftsarchiv Baden-Württemberg)

Die "Schiltach" besitzt zur besseren Bogenläufigkeit eine entkuppelte Endachse, ist damit also eine Lokomotive mit der Achsfolge B1. 1906 erfolgt bei ihr wie auch bei Schwestermaschine "Schramberg" der Umbau in eine normale T3 der Achsfolge C.
(Nachlass Braitmaier - Wirtschaftsarchiv Baden-Württemberg)

1893 liefert die ME eine T3 mit dem Namen "Reimerstetten" an die KWStE aus. Diese kommt 1928 zur Teuringertalbahn, wo sie die Betriebsnummer 2 erhält, wie hier zu sehen ist. 1942 kehrt sie schließlich nach Mettingen zurück, um in der Folge als Werklokomotive der ME ihren Dienst zu versehen. (Nachlass Braitmaier - Wirtschaftsarchiv Baden-Württemberg)

Die "Einsingen" stammt aus dem Jahr 1893 und wird unter der Fabriknummer 2592 von der ME an die KWStE übergeben. (Nachlass Braitmaier - Wirtschaftsarchiv Baden-Württemberg)

Eine T3 mit langen Wasserkästen sehen wir hier in Form der 975, die 1898 ausgeliefert wird.

Klasse T4

Speziell für den Schiebedienst auf der Geislinger Steige beschafft die KWStE ab 1906 eine Serie von D-Kupplern der Klasse T4. Sie sind lange Jahre die schwersten vierfach gekuppelten Länderbahn-Tenderlokomotiven. 852 stammt aus der ersten Lieferserie von 1906 und wird später unter der Baureihenbezeichnung 92^1 in den Bestand der Reichsbahn eingereiht werden. (Nachlass Braitmaier - Wirtschaftsarchiv Baden-Württemberg)

Klasse T5

Da sich zu Beginn der 1900er-Jahre das Fehlen einer leistungsstarken Tenderlokomotive für den Stuttgarter Vorortverkehr und auch den Einsatz auf Neben- und Anschlussbahnen immer stärker bemerkbar macht, gibt die KWStE eine Serie von 1'C1'-Lokomotiven der Klasse T5 bei der ME in Auftrag. Diese wird in mehreren Lieferserien zwischen 1910 und 1920 gefertigt, wobei ein Teil der Lokomotiven bei der Maschinenbaugesellschaft Heilbronn entsteht. Eine echte Esslingerin ist dagegen die 1205 aus dem Jahr 1910.

Zur Fertigstellung der 1280 am 30. Juni 1920 haben sich auf diesen beiden Aufnahmen einmal die beteiligten Arbeiter...

...und hier die Konstrukteure und Führungskräfte der ME zum Erinnerungsfoto versammelt.

Klasse T6

Für den schweren Verschubdienst beschafft die KWStE ab 1916 insgesamt zwölf Exemplare des D-Kupplers der Klasse T6. 1405 stammt dabei aus einer Lieferserie von vier Lokomotiven, die 1917 entstehen.

Klasse T9

Die 1'C-Tenderlokomotiven der Klasse T9 sind die ersten von einer süddeutschen Bahnverwaltung beschafften Lokomotiven nach preußischem Vorbild. Dementsprechend sind die zehn in den Jahren 1906 und 1907 von der ME gefertigten Lokomotiven Nachbauten der preußischen T9³. Sie kommen vor allem auf Nebenbahnen zum Einsatz, für deren krümmungsreiche Strecken das Triebwerk mit einem Krauss-Helmholtz-Gestell besonders gut geeignet ist.

Klasse T14

Einen weiteren Nachbau einer preußischen Tenderlokomotive stellt die Klasse T14 dar. die 1'D1'-Tenderlokomotiven mit symmetrischem Fahrwerk, aber deutlichem hinterem Überhang sind sowohl für den Einsatz vor Güter- als auch Personenzügen geeignet und werden 1921 und 1922 in insgesamt 35 Exemplaren von der ME an die Württembergische Eisenbahn geliefert.

Klasse Tn

Für den Einsatz auf Nebenbahnen mit schwachem Oberbau entsteht 1921 die Klasse Tn. Sie übernimmt Abmessungen und verschiedene Baugruppen der Klasse T5, besitzt aber einen weitaus gedrungeneren Kessel mit Kleinrohrüberhitzer der Bauart Schmidt. Insgesamt entstehen 30 Exemplare dieser Baureihe, die als Baureihe 94^1 in den Bestand der Reichsbahn übernommen werden.

Klasse Ts4

Für die Schmalspurstrecke Nagold – Altensteig ordert die KWStE 1891 zwei D-Kuppler, denen 1899 noch ein drittes Exemplar folgt. Die "Berneck", die wir hier sehen, stammt aus der Erstlieferung des Jahres 1891. Charakteristisch für die Lokomotiven der Klasse Ts4 sind das gelenkige Triebwerk System Klose mit Innenzylindern und der Kobel-Schornstein. Für das Werksfoto hat man auf dieser Aufnahme übrigens die Triebwerksverkleidung abmontiert, die ansonsten den Blick auf das Gestänge verhindert hätte.

Klasse Tss

1896 beschafft die KWStE für die 750 mm-Schmalspurstrecken Lauffen – Güglingen (Zabergäubahn) und Schussenried – Buchau (Federseebahn) je zwei C-Kuppler der Klasse Tss. Sie besitzen ein gelenkiges Triebwerk nach System Klose und über den Rahmenblechen, seitlich neben der Rauchkammer angeordnete Zylinder mit senkrecht angeordneten Flachschiebern. (Nachlass Braitmaier - Wirtschaftsarchiv Baden-Württemberg)

Während die 21 vom vorherigen Bild auf der Zabergäubahn unterwegs ist, kommt die 23 zusammen mit ihrer Schwesterlokomotive 24 auf der Federseebahn zum Einsatz.

Klasse Tss4

Die Bottwartalbahn führt von Marbach nach Beilstein und weist 750 mm Spurweite auf. 1894 ordert die KWStE bei der Maschinenfabrik für diese Strecke drei Exemplare der Klasse Tss4, die ein gelenkiges Klose-Triebwerk besitzen. Eine von ihnen ist die "Beilstein", die wir hier sehen. Sie wird als 99 622 noch in den Bestand der Reichsbahn übergehen, bevor sie 1928 ausgemustert wird.
(Nachlass Braitmaier - Wirtschaftsarchiv Baden-Württemberg)

Klasse Tssd

Da sich das Klose-Triebwerk im Alltagseinsatz als recht wartungsintensiv entpuppt, entschließt sich die KWStE bei Neubeschaffungen auf Mallet-Fahrwerke auszuweichen. Dementsprechend besitzt die Klasse Tssd, die ab 1899 für verschiedene Strecken mit 750 mm Spurweite in insgesamt neun Exemplaren beschafft wird, ein Vierzylinder-Verbundtriebwerk mit der Achsfolge B'B. Die 43 stammt aus der ersten Lieferserie aus dem Jahr 1899.
(Nachlass Braitmaier - Wirtschaftsarchiv Baden-Württemberg)

Eine Lokomotive der zweiten Lieferserie von 1901 ist die 46, die zudem die Fabriknummer 3200 trägt.
(Nachlass Braitmaier - Wirtschaftsarchiv Baden-Württemberg)

Bei der Reichsbahn wird die Klasse Tssd als Baureihe 99^{63} geführt. 99 637 ist auf der Federseebahn im Einsatz. Am 25. März 1965 wird sie ausgemustert und später als Denkmal in Buchau aufgestellt.

Lokomotiven für die Großherzoglich Badische Staatsbahn

1893 entwickelt die Maschinenbaugesellschaft Karlsruhe für die Badische Staatsbahn die C-Kuppler Tenderlokomotiven der Klasse VIId. Die Güterzuglokomotiven haben einen Crampton-Kessel und einen Wechselschieber als Anfahrvorrichtung. Zwischen 1898 und 1901 liefert auch die ME zwei Serien dieser Lokomotiven an die Badische Staatsbahn wie die 621, die die Fabriknummer 2966 hat. (Nachlass Braitmaier - Wirtschaftsarchiv Baden-Württemberg)

Die Mallet-Güterzuglokomotiven mit Vierzylinder-Verbundtriebwerk der Klasse VIIIc sind eine Konstruktion der Elsässischen Maschinenbau-Gesellschaft Grafenstaden, die 1893 zwei Exemplare an die Badische Staatsbahn liefert. Die Serienlieferung übernehmen dann die Maschinenbaugesellschaft Karlsruhe und die Maschinenfabrik Esslingen, die auch die 632 aus dem Jahr 1899 fertigt.

Die 739 ist die letztgebaute IXb aus dem Jahr 1921. Bei der Reichsbahn wird sie die Betriebsnummer 97 253 erhalten und 1940 schließlich ausgemustert werden.

Um dem stetig wachsenden Verkehrsaufkommen auf der Höllentalbahn Herr zu werden, beschafft die Badische Staatsbahn 1910 und 1921 in zwei Lieferserien acht Exemplare der Zahnradtenderlokomotiven der Klasse IXb. Sie besitzen für die Reibungs- und die Zahnradmaschine, von der wir hier die Lagerung des Treibzahnrades sehen, gleich große Zylinder.

Lokomotiven für die Bayerische Ostbahn

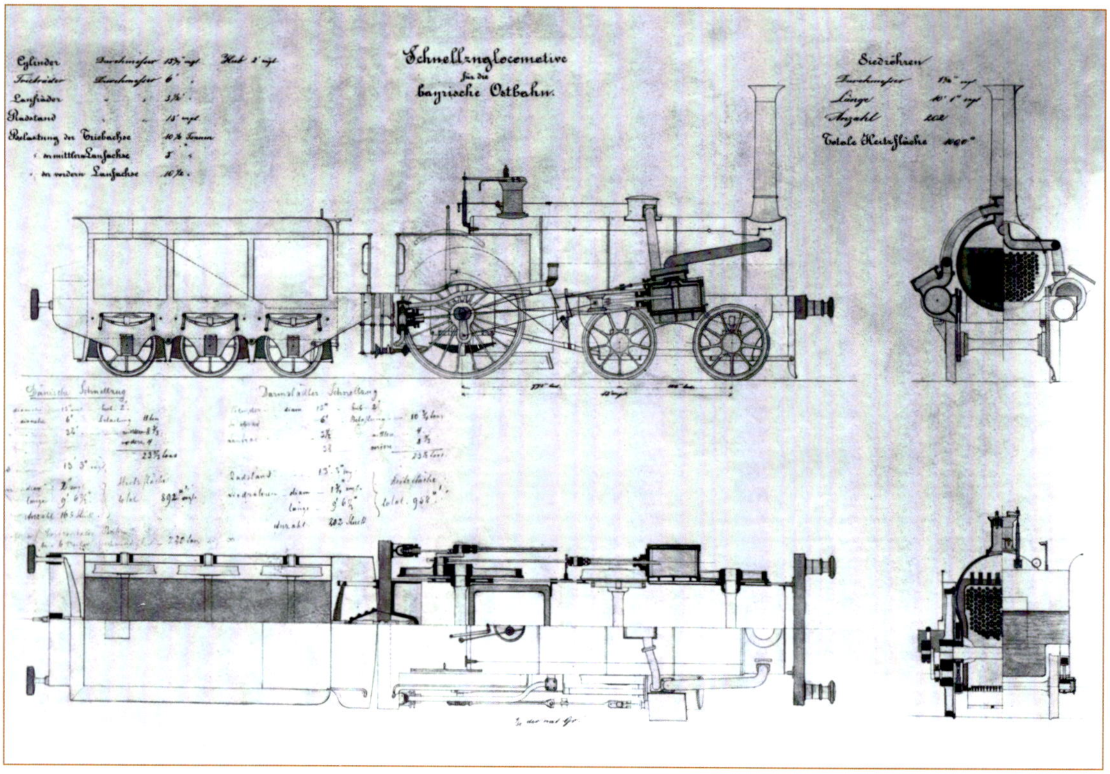

Mitte der 1850er-Jahre entsteht dieser Entwurf einer Crampton-Schnellzuglokomotive für die Bayerische Ostbahn. Sie weist die charakteristische Achsfolge 2A und die hinter dem Feuerkasten gelegene Treibachse auf.

Lokomotiven für die Bergisch-Märkische Eisenbahn-Gesellschaft

Die Bergisch-Märkische-Eisenbahngesellschaft wird 1843 in Elberfeld gegründet, um das industrialisierte Tal der Wupper mit den Kohlefeldern um Dortmund zu verbinden. Neben anderen Herstellern liefert auch die ME Lokomotiven für das Unternehmen, wie die 1B-Schlepptenderlokomotive "Wald", die 1865 mit der Fabriknummer 700 das Werk verlässt.

Hier sehen wir den dreiachsigen Tender für die "Wald".

1861 liefert die Maschinenfabrik die Tenderlokomotive "Tiber" nach Wuppertal. Sie hat die Achsfolge B1, die damals zahlreiche Personenzuglokomotiven aus Esslinger Fertigung aufweisen.

Lokomotiven für die Brohtalbahn

Die meterspurige Brohtalbahn entsteht 1895. Betreiber ist die Westdeutsche-Eisenbahngesellschaft, ein Tochterunternehmen von Lenz & Co. Zwischen 1900 und 1913 liefert die ME insgesamt drei Zahnradlokomotiven nach System Abt an die Brohtalbahn. Die letzte davon mit der Betriebsnummer 5 aus dem Jahr 1913 hat der Werksfotograf hier festgehalten.

Lokomotiven für die Drachenfelsbahn

Die Drachenfelsbahn in Königswinter ist die älteste immer noch betriebene Zahnradbahn Deutschlands.Mittlerweile sind dort Elektrotriebwagen im Einsatz, in den Anfangsjahren herrschte freilich die Dampftraktion vor, wobei die Maschinenfabrik Esslingen Lieferant sämtlicher Lokomotiven war. Lokomotive Nr. 2 stammt aus dem Jahr 1883 und ist ein B-Kuppler mit Zahnradantrieb nach System Riggenbach.

Aus dem Jahr 1926 stammt Lokomotive Nr. 5. Sie gelangt Ende der 1920er-Jahre zur Petersbergbahn, um dann 1938 zur Niederwaldbahn weiterzuwechseln.

Hier hat der Fotograf Lokomotive Nr. 5 auf freier Strecke festgehalten. Gut erkennbar ist auf dieser Aufnahme auch die Zahnstange System Riggenbach.

Ein Jahr nach der Lokomotive Nr. 5 liefert die ME unter der Fabriknummer 4187 diesen identischen B-Kuppler nach Königwinter, der dort die Betriebsnummer 3 in zweiter Besetzung erhält.

Lokomotiven für die Ermsthalbahn

1872 wird mit Unterstützung der Württembergischen Vereinsbank die Ermsthalbahngesellschaft gegründet. Ihre 1873 eröffnete Strecke verbindet Metzingen mit Bad Urach. Eine der Lokomotiven, die auf dieser normalspurigen Privatbahn zum Einsatz kommen, ist dieser B-Kuppler in typischer Kleinbahnlokomotivenbauweise, den die ME 1874 unter der Fabriknummer 1311 fertigstellt. Die Tenderlokomotive wird später an die Dänische Staatsbahn weiterverkauft werden.

Lokomotiven für die Eulengebirgsbahn

Im heutigen Polen liegt die Strecke der früheren Eulengebirgsbahn AG, die von Reichenbach nach Wünschelburg führte. Die drei Zahnradlokomotiven nach System Abt, die auf der Strecke im Einsatz waren, lieferte 1900 die Maschinenfabrik Esslingen.

Lokomotiven für die Federseebahn

Schon lange bevor 1891 die KWStE die Planungen für den Bau der Federseebahn aufnahm, gab es die Idee einer Strecke, die Schussenried mit Bad Buchau verbinden sollte. Diese gehen auf Emil Kessler junior zurück, der eine private Dampfstraßenbahn für diese Strecke projektiert. Seine Planungen gehen dabei so weit, dass 1880 bereits zwei meterspurige, dreiachsige Tenderlokomotiven für die geplante Federseebahn gefertigt werden. Was aus diesen nach dem Scheitern der Kesslerschen Dampfstraßenbahnpläne geworden ist, ist unbekannt.

Lokomotiven für die Görlitzer Kreisbahn

Unter Beteiligung von Lenz & Co wird 1903 die Görlitzer Kreisbahn AG gegründet, deren Strecke von Görlitz durch die Königshainer Berge nach Weißenberg führt. Eine der drei Esslinger Lokomotiven, die auf der Kreisbahn im Einsatz waren, ist dieser C-Kuppler mit einem Zahnradantrieb nach System Abt, der 1904 mit der Fabriknummer 3298 geliefert wurde.

Lokomotiven für die Harzbahn

Für den Einsatz auf der Harzbahnstrecke zwischen Blankenburg und Tanne fertigt die ME insgesamt elf C1'-Zahnradlokomotiven nach System Abt. 1887 wird die "Brokken" mit der Fabriknummer 2204 abgeliefert.

Ein Nachbau der preußischen T3 ist diese Tenderlokomotive von 1906, die den Namen "Drei Annen-Hohne" trägt. Die Esslinger bauten zwischen 1886 und 1908 fünf dieser C-Kuppler für die Harzbahn.

1914 entsteht schließlich diese vierfach gekuppelte Zahnradtenderlokomotive für die Harzbahn. Schon sechs Jahre später wird sie durch die schweren Adhäsionslokomotiven der "Tierklasse" (spätere Baureihe 95^{66}) abgelöst.

Lokomotiven für die Hessische Ludwigsbahn

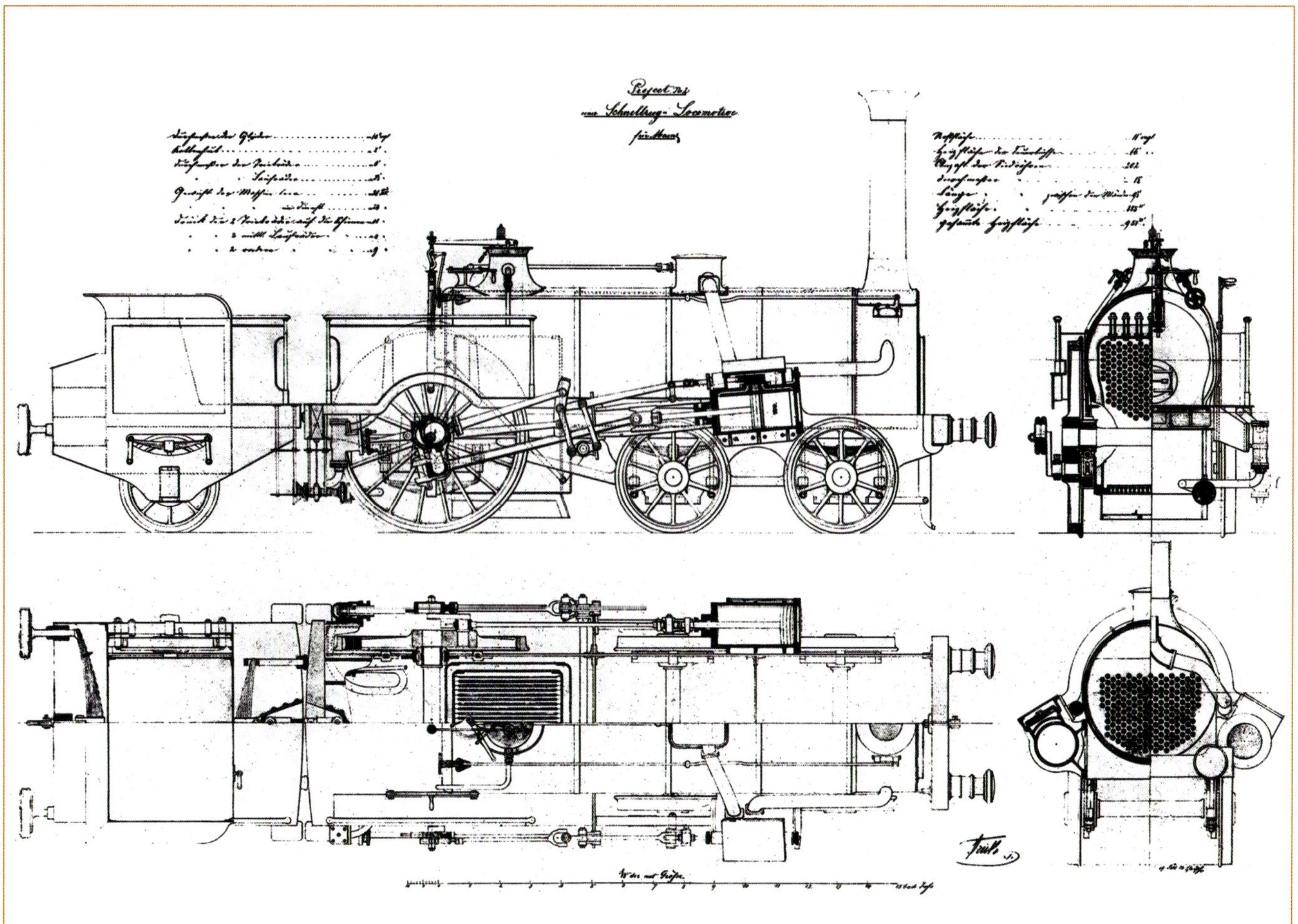

Die Hessische Ludwigsbahn war eine private Bahngesellschaft, die 1845 mit Sitz in Mainz gegründet wird, um die Provinz Rheinhessen eisenbahntechnisch zu erschließen. Hauptlieferant für Lokomotiven der Hessischen Ludwigsbahn ist die Maschinenfabrik Esslingen. 1858 entwerfen die Ingenieure unter der Projektnummer 2 diese 2A-Crampton-Lokomotive mit einachsigem Tender für die Ludwigsbahn, von der aber nicht bekannt ist, ob sie realisiert wurde.

Die "Hanau", die wir hier sehen, ist eine 1B-Schlepptenderlokomotive, die 1863 mit der Fabriknummer 642 dann auch tatsächlich aus dem Esslinger Werk rollt.

Ein Jahr später entsteht die "Kopernicus". Sie ist ebenfalls eine Schlepptenderlokomotive, weist aber die Achsfolge 1A1 auf und hat die Fabriknummer 661.

Für den Einsatz vor Güterzügen ist der C-Kuppler "Starkenburg" konzipiert, den der Werksfotograf hier in Esslingen vor der Auslieferung abgelichtet hat. Er entsteht 1865 und hat die Fabriknummer 708.

Zur Bespannung leichter Personenzüge schafft die Hessische Ludwigsbahn Tenderlokomotiven mit der Achsfolge B1 an. Eine dieser Lokomotiven ist die "Muemling" von 1868 mit der Fabriknummer 900.

Die "Ötzberg" ist unverkennbar eine schwere Güterzuglokomotive. Ungewöhnlich an dem D-Kuppler aus dem Jahr 1869 (Fabriknummer 911) ist das Fahrwerk mit seinem Außenrahmen.

Die klassische Bauform einer Personenzuglokomotive der 1870er-Jahre repräsentiert die "Mannheim" mit ihrer Achsfolge B1. Die ME stellt diese Lokomotive, die die Fabriknummer 1100 trägt, im Jahr 1871 fertig.

Hier sehen wir den dreiachsigen Tender der "Mannheim".

Im Jahr darauf ordert die Hessische Ludwigsbahn die "Doctor Parcus" bei der ME. Sie hat die in jenen Jahren bei Personenzuglokomotiven ebenfalls sehr gängige Achsfolge 1B.

Aus derselben Lieferserie wie die "Doctor Parcus" stammt auch die "Bismarck". Sie hat die Fabriknummer 1192.

Aus dem Jahr 1876 stammt schließlich die Personenzug-Schlepptenderlokomotive "Hadamar". Sie trägt die Fabriknummer 1493 und weist nun wieder ein Triebwerk der Achsfolge B1 auf.

Lokomotiven für die Hohenzollerische Landesbahn

Um den zu Preußen gehörenden Regierungsbezirk Sigmaringen besser an das Eisenbahnnetz anzuschließen, wird 1896 die Hohenzollerische Landesbahn (HzL) gegründet. Einige ihrer Lokomotiven fertigt die Maschinenfabrik, so auch den D-Kuppler mit der Nr. 12, den wir hier sehen. Er wird 1911 unter der Fabriknummer 3631 fertiggestellt.

1940 erteilt die HzL der ME den Auftrag zum Bau einer 1'D1'-Tenderlokomotive, die wir hier noch im Rohbau sehen.

Für ein offizielles Werbefoto posiert die fertige Lokomotive, welche die Betriebsnummer 15 erhält, auf dieser Aufnahme. Sie wird bis in die 1960er-Jahre ihren Dienst versehen und 1964 schließlich verschrottet werden.

Lokomotiven für die Kirchheimer Eisenbahngesellschaft

Als erste konzessionierte Privatbahn im Königreich Württemberg entsteht 1864 die Kirchheimer Eisenbahn-Gesellschaft. Eine ihrer Lokomotiven, die Tenderlokomotive "Teck" mit der Achsfolge B1, liefert die ME im Jahre 1876.

Lokomotiven für die Leipzig-Dresdner Eisenbahn

Die Leipzig-Dresdner Eisenbahn-Compagnie war eine private Bahngesellschaft, die 1839 die erste deutsche Fernbahnstrecke zwischen Leipzig und Dresden eröffnete. Zwischen 1866 und 1868 liefert die ME eine Serie von 20 1B-Schlepptenderlokomotiven an die Leipzig-Dresdner Eisenbahn, zu der auch das Exemplar gehört, das wir hier sehen. Sie hat die Fabriknummer 768 und wird wie ihre Schwesterlokomotiven 1876 als Gattung K III in den Bestand der Sächsischen Staatsbahn übergehen.

Aus dem Jahr 1868 stammt diese C-gekuppelte Güterzugschlepptenderlokomotive. Sie hat die Fabriknummer 904.

Für den Einsatz vor Personenzügen ist diese B1-Schlepptenderlokomotive konzipiert, von der 1872 und 1874 insgesamt 10 Exemplare entstehen. Die "Woerth" ist die erste Lokomotive der Serie und wird 1872 mit der Fabriknummer 1207 ausgeliefert.

Die "Frauenstein" gehört zu einer Lieferung von neun Schlepptenderlokomotiven der Achsfolge 1B, die die Maschinenfabrik 1874 und 1875 für die Leipzig-Dresdner Eisenbahn fertigt. Sie werden 1876 als Gattung K III von der Sächsischen Staatsbahn übernommen.

Lokomotiven für die Main-Neckar Bahn

Die Main-Neckar Bahn entsteht ab 1843 als gemeinsame Staatsbahn der Stadt Frankfurt sowie der Großherzogtümer Baden und Hessen. Sie verbindet Frankfurt am Main über Darmstadt und Weinheim mit Mannheim und Heidelberg. Die ersten Lokomotiven für die Main-Neckar Bahn liefert 1846 noch Emil Kesslers Fabrik in Karlsruhe. Bei späteren Lieferungen kommt dann auch die ME zum Zuge. So kann sie 1874 die C-gekuppelte Güterzug-Schlepptenderlokomotive "Gotthard" an die Bahngesellschaft liefern.

Lokomotiven für die Main-Weser Bahn

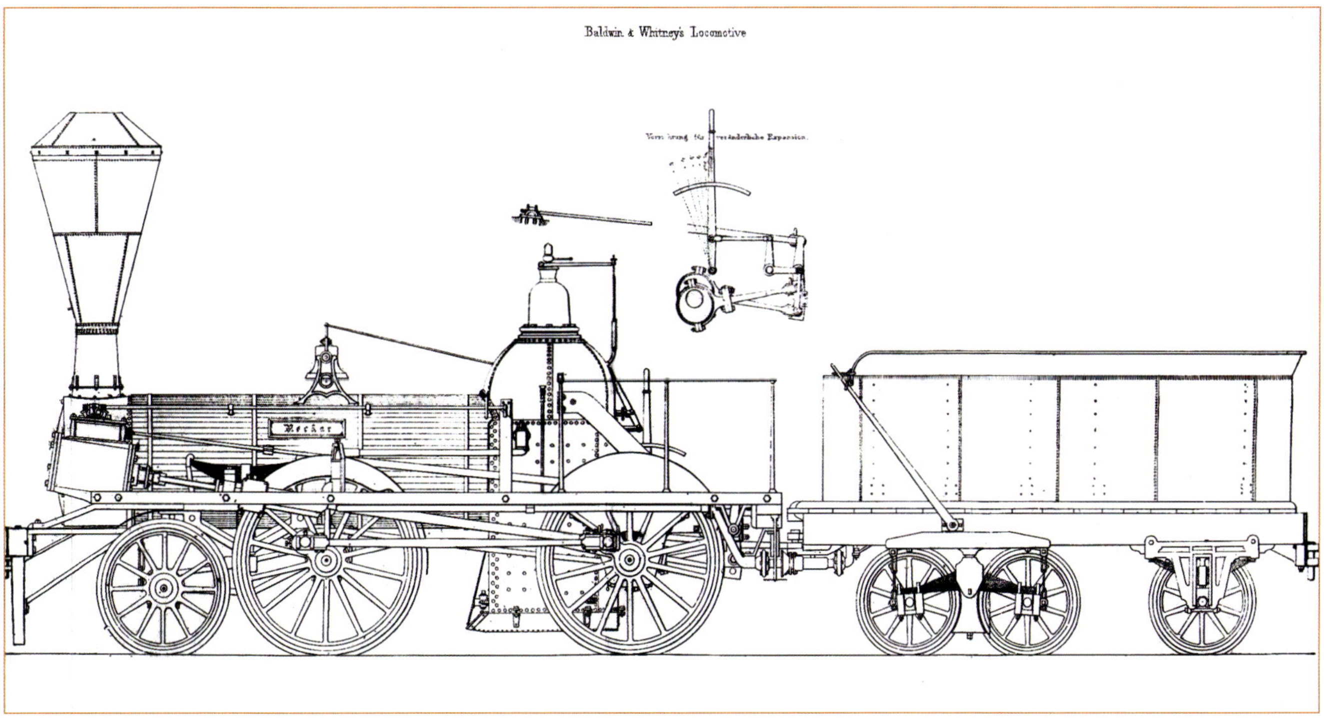

Zur Anbindung von Kassel an das Rhein-Main-Gebiet gründet sich 1845 die Main-Weser-Bahn, an der die Stadt Frankfurt und das Großherzogtum Hessen beteiligt sind. 1854 liefert die ME eine Serie von 1B-Schlepptenderlokomotiven an die Main-Weser-Bahn, zu der auch die "Neckar" gehört. Wie auf der Zeichnung zu sehen ist, ist es eine Lokomotive nach einem Vorbild des amerikanischen Herstellers Baldwin & Whithey, das die Maschinenfabrik hier nachbaut.

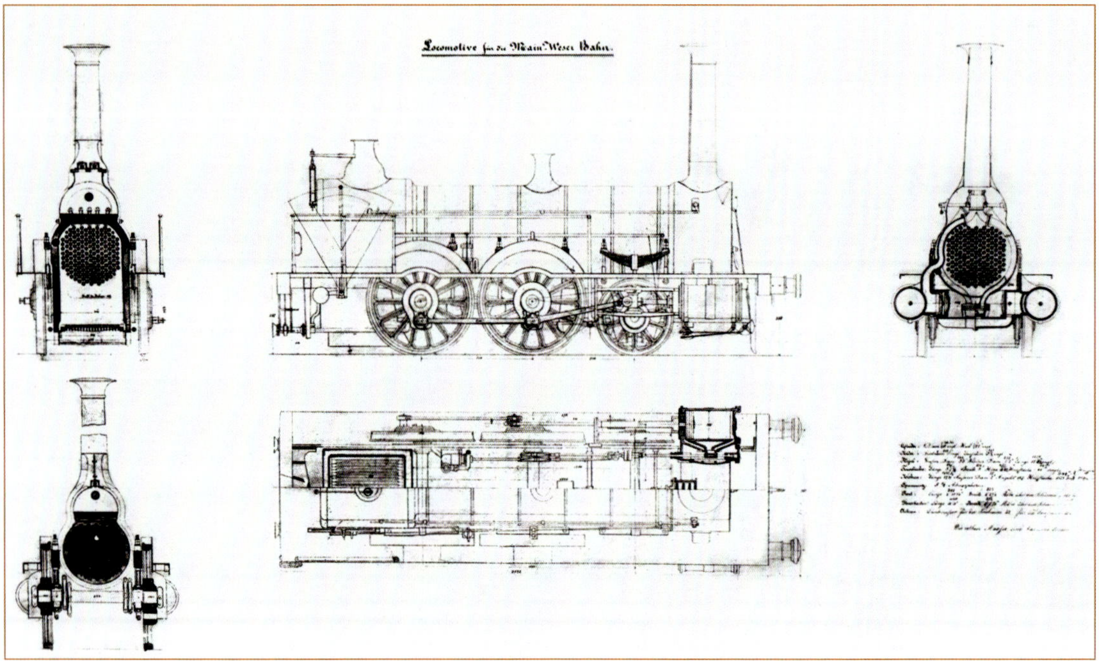

1867 liefert die Maschinenfabrik zwei weitere 1B-Schlepptenderlokomotiven an die Main-Weser-Bahn, die nun aber deutlich moderner konzipiert sind.

Lokomotiven für die Nassauische Staatsbahn

Die Nassauische Staatsbahn existiert bis 1866. In dieser Zeit verwaltet sie die Bahnstrecken im Herzogtum Nassau und ordert für diese auch Lokomotiven bei der Maschinenfabrik. Die "Aumenau" stammt aus dem Jahr 1863 und ist eine klassische Personenzug-Schlepptenderlokomotive der Achsfolge 1B jener Jahre.

1866 endet die Eigenständigkeit des Herzogtums Nassau und seine Staatsbahn geht in den Besitz der Preußischen Staatseisenbahnen über. Diese ordert für das Nassauer Netz 1872 nochmals eine Serie von sechs 1B-Schlepptenderlokomotiven bei der ME, zu der auch die "Oberneisen" gehört.

Lokomotiven für die Pfälzische Ludwigsbahn-Gesellschaft

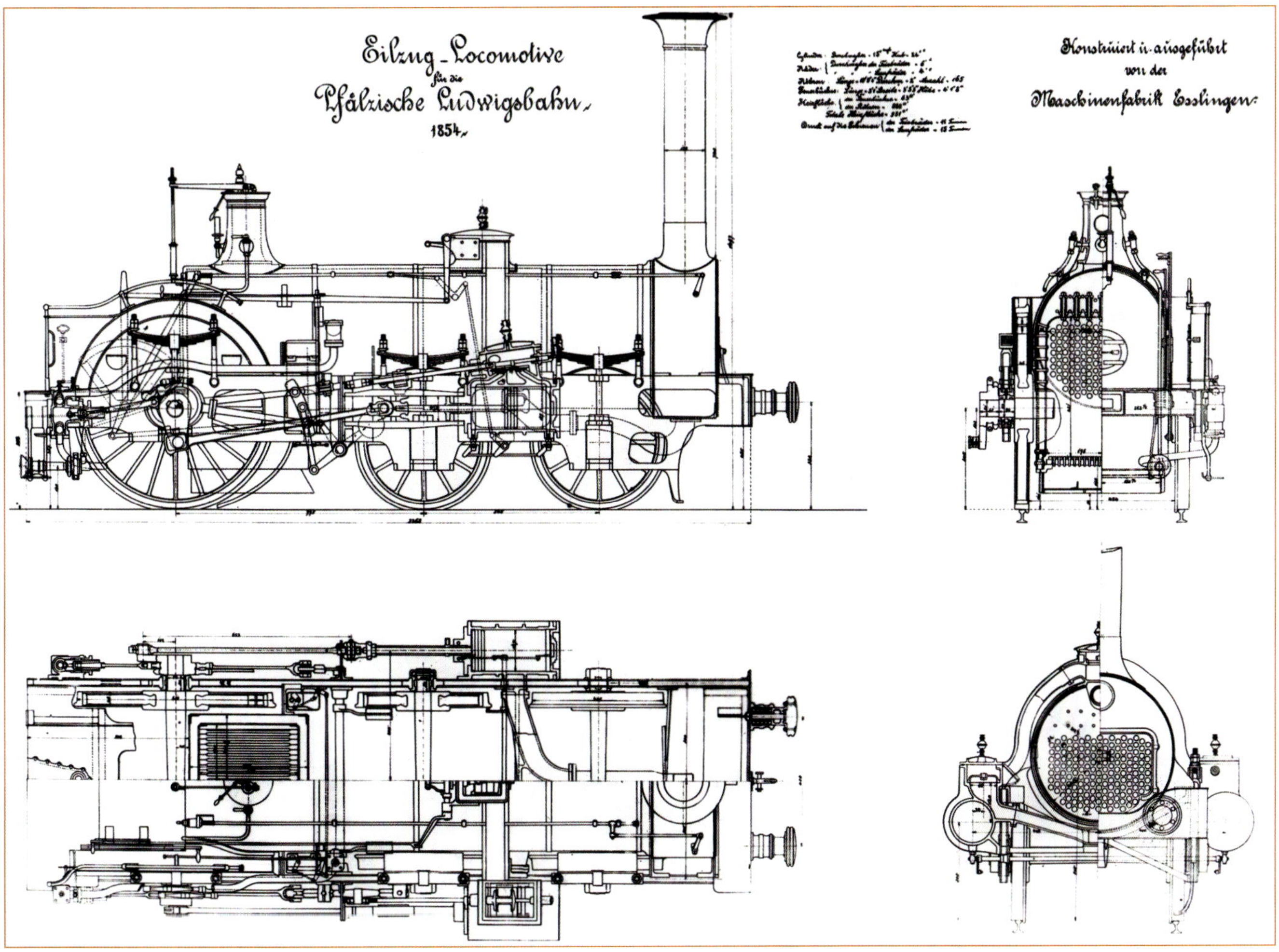

Die Pfälzische Ludwigsbahn-Gesellschaft entsteht 1844 im Königreich Bayern. Ihre Strecke verbindet die Städte Ludwigshafen und Bexbach. 1854 entwirft die ME diese Schnellzuglokomotive der Bauart Crampton für die Bahngesellschaft und kann 1855 eine Serie von sechs Exemplaren davon ausliefern.

Lokomotiven für die Königliche Preußische Eisenbahn-Verwaltung

Für den Einsatz auf der Preußischen Ostbahn, welche von Berlin über Königsberg bis an die Grenze zum damaligen Kaiserreich Russland führte, liefert die ME 1873 eine Serie von 26 Personenzuglokomotiven der Achsfolge 1B.

Zusammen mit der Firma Schwartzkopff fertigt die Maschinenfabrik zwischen 1892 und 1895 eine Serie von 19 Lokomotiven der Baureihe T9 Langenschwalbach für die KPEV. Die C1'-Tenderlokomotiven, die für den Einsatz auf der Aartalbahn vorgesehen waren, besitzen eine Allansteuerung und ihre Laufachse ist als Adamsachse ausgeführt.

1902 entwickelt die ME im Auftrag der KPEV die Zahnradtenderlokomotiven der Baureihe T26 mit der Achsfolge C1' und einem Zahnradantrieb nach System Abt. Die drei Lokomotiven kommen auf der Strecke Ilmenau – Schleusingen zum Einsatz und bewähren sich dort so gut, dass die KPEV 1905 weitere 32 Exemplare ordert, die aber nun bei Borsig gefertigt werden.

Lokomotiven für die Königlich Sächsische Staatseisenbahnen

1870 liefert die Maschinenfabrik eine Serie von acht Schlepptenderlokomotiven für den gemischten Einsatz an die Sächsische Staatsbahn. Sie haben die Achsfolge 2'B und gehören zur Gattung K II (später Gattung VIII1). Eine von ihnen ist eine ganz besondere Lokomotive, sie hat nämlich die Fabriknummer 1000 und erhält aufgrund dieses Jubiläums den Namen "Kessler".

Zwei Jahre darauf kann die ME einen weiteren Auftrag der Sächsischen Staatsbahn ergattern. Diesmal entstehen gleich 21 Lokomotiven der Gattung IIIb. Auch sie sind Schlepptenderlokomotiven, die aber nun die Achsfolge 1B aufweisen und als reine Personenzuglokomotiven konzipiert sind. Die "Ischl" ist die erste Lokomotive der Serie und entsteht 1872 unter der Fabriknummer 1200.

An der Fertigung der Schnellzuglokomotiven der Gattung VIII V2 für die Sächsische Staatsbahn sind mehrere Hersteller beteiligt. Von den 118 Lokomotiven, die zwischen 1896 und 1902 entstehen, produziert die ME zehn Exemplare in den Jahren 1900 und 1901. Die 592 mit der Fabriknummer 3127 wird im Jahr 1900 fertiggestellt.

Lokomotiven für die Stendal-Tangermünder Eisenbahn-Gesellschaft

Die Nebenbahn Stendal – Tangermünde in Sachsen-Anhalt existiert auch heute noch. Gebaut wurde sie bereits 1884 von der Stendal-Tangermünder Eisenbahn-Gesellschaft. Diese ordert 1885 zwei C-Kuppler bei der ME, die Nachbauten der preußischen T3 sind. Die "Tangermünde", die wir hier sehen, hat die Fabriknummer 2132. (Nachlass Braitmaier - Wirtschaftsarchiv Baden-Württemberg)

Lokomotiven für die Württembergische Eisenbahngesellschaft mbH

Die Württembergische Eisenbahngesellschaft entsteht 1899 und baut bis 1907 sieben Nebenbahnen und eine Lokalbahn im damaligen Königreich Württemberg. 1904 fertigt die Maschinenfabrik zwei D-Kuppler-Tenderlokomotiven für die WEG. Nr. 7, die der Werksfotograf hier festgehalten hat, trägt die Fabriknummer 3314.

Lokomotiven für die Württembergische Nebenbahnen AG

Normalspurlokomotiven

1905 geht aus der Filderbahn-Gesellschaft die Württembergische Nebenbahnen AG (WN) hervor, die bis 1910 drei weitere normal- und schmalspurige Bahnen in Württemberg übernimmt. Für die normalspurige Strohgäubahn von Korntal nach Weissach schafft die WN 1911 diesen E-Kuppler mit der Betriebsnummer 11 an, der später von der Württembergischen Eisenbahngesellschaft übernommen wird.

Ebenfalls 1911 wird auch die Schwestermaschine mit der Betriebsnummer 12 (Fabriknummer 3624) in Dienst gestellt. Aus diesem Anlass posiert das Betriebspersonal stolz vor der fabrikneuen Lokomotive.

Die 12 wird es in ihrem weiteren Leben zur Hohenzollerischen Landesbahn verschlagen, wo sie mit der neune Betriebsnummer 22 1937 auf die neuartige Ventilsteuerung System Esslingen umgebaut wird. Mit leicht verbeultem Wasserkasten hat sie der Werksfotograf der ME 1939 hier bei einer Betriebspause verewigt.

Neben der Filderbahn gehört auch die Härtsfeldbahn zum Schmalspurnetz, das die WN betreibt. Speziell für diese entwikkelt die ME 1913 eine neuartige Nebenbahnlokomotive für den Einmannbetrieb. Sie ist mit einem Kleinrauchröhrenüberhitzer System Schmidt ausgestattet und zeichnet sich dank der zwischen dem Rahmen und unter dem Langkessel angeordneten Wasserkästen durch eine besonders günstige Schwerpunktlage aus. Der Hoffnung, diesen Lokomotivtyp in größerer Anzahl absetzen zu können, wird der Erste Weltkrieg einen Strich durch die Rechnung machen und so bleibt es bei den beiden Exemplaren für die Härtsfeldbahn.

Lokomotive Nr. 12 überquert hier gerade auf ihrer Fahrt nach Neresheim den Bahnübergang "Neue Welt" in Aalen. Wie an den Verdunklungsblenden an den Laternen unschwer zu erkennen ist, ist diese Aufnahme von Alfred Ulmer mitten im Krieg im Jahr 1944 entstanden.

Wir sehen wieder Lokomotive Nr. 12, befinden uns diesmal aber im Jahr 1954. Hier rangiert sie gerade ihren Zug im Anschlussgleis der Bezugs- und Absatzgenossenschaft in Neresheim. Hier beginnt heute die wieder aufgebaute Strecke der Härtsfeld-Museumsbahn.

Oben: An beinahe identischer Stelle bereiten zwei Museumsbahner der Härtsfeldbahn am 1. September 2019 Lokomotive Nr. 12 auf ihre Fahrt ins Egautal vor. (Foto Jürgen Ranger)

Mitte rechts: Gut 50 Jahre lang war dies ein alltäglicher Anblick auf dem Härtsfeld: Lokomotive Nr. 12 durchquert mit ihrem Personenzug aus Dillingen (Donau) kommend den Klosteracker bei Nereseim, wo sie gleich den Bahnhof erreichen wird.

Unten: Mittlerweile ist eine Aufnahme wie die historische auf dem vorherigen Bild wieder möglich. Am 14. Mai 2015 hat Lokomotive Nr. 12 mit ihrem Zug soeben die Steigung durch den Klosteracker hinauf nach Neresheim erklommen. (Foto Jürgen Ranger)

Heeresfeldbahnlokomotiven

Während des Ersten Weltkrieges gehören auch standardisierte Heeresfeldbahnlokomotiven wie dieser D-Kuppler zum Fertigungsprogramm der Maschinenfabrik.

Hier sehen wir den passenden Tender für die Heeresfeldbahnlokomotiven aus Esslinger Fertigung.

Lokomotiven für die Deutsche Reichsbahn

Baureihe 41

Ab 1939 liefert die Maschinenfabrik Esslingen die ersten von letztlich 35 Exemplaren der 1'D1'-Güterzuglokomotiven der Baureihe 41 aus der Familie der Einheitslokomotiven an die Reichsbahn aus. Die erste aus dieser Serie ist die 41 186 mit der Fabriknummer 4357, die man dem Firmenchef Dr. Ludwig Kessler zum 25-jährigen Dienstjubiläum als Modell schenkt.

Links außen: Selbst der Führerstand der 41 186 ist am Modell detailgetreu nachgebildet, wobei man auch die Ölkanne des Heizers nicht vergessen hat.
Oben: Als Tender kommen bei der Baureihe 41 solche des Typs 2'2' T34 zum Einsatz, welche die ME auch für die Baureihe 44 in größeren Stückzahlen fertigt.

Der ME-Erstling der Baureihe 41, welche federführend von Schwartzkopff entwickelt wurde, ist hier bei der Indizierfahrt zwischen Stuttgart und Ulm fotografiert worden. Eigentlich ist die Baureihe für den Güterzugdienst vorgesehen, wird aber auch vor Reisezügen zum Einsatz kommen.

Die zweite von der Maschinenfabrik gefertigte 41, die 41 187 präsentiert sich hier auf dem Werkshof in Mettingen.

Auch die 41 188 hat der Werksfotograf ausgiebig im Werk Mettingen abgelichtet. Sie trägt zu diesem Zweck einen speziellen Fotoanstrich.

Links: Die Baureihe 41 ist auch nach dem Zweiten Weltkrieg für die noch junge Bundesbahn nicht wegzudenken. Da die Originalkessel an Materialermüdung leiden, lässt sie bei der ME Ersatzkessel, die als vollständig geschweißte Verbrennungskammerkessel ausgeführt sind, für die Lokomotiven fertigen. Rechts: Der letzte Kessel, den die ME für die Bundesbahn fertigt, ist einer für eine 41er. Er trägt die Fabriknummer 5250.

Baureihe 42

Die Baureihe 42 wird ab 1943 als Kriegsdampflokomotive KDL 3 von verschiedenen Herstellern gefertigt. Bei der ME startet die Produktion 1944, wobei die letzten Exemplare erst nach Kriegsende unter Aufsicht der Alliierten zur Auslieferung kommen. Zu diesen 1945 mit Sondergenehmigung der US Army gefertigten 42ern gehört auch 42 1602, die wir hier sehen. Ihr Tender stammt noch von der Brünn-Königsfelder Maschinen- und Waggonfabrik.

Baureihe 44

1926 erhält die ME den Auftrag zur Fertigung der Baumusterlokomotive für die Einheitsbaureihe 44. Hier sehen wir einen Rahmen mit dem Dreizylinder-Verbundtriebwerk dieser 1'E-Güterzuglokomotiven.

Ohne die typischen, großen Wagner-Windleitbleche wirkt die Baumusterlokomotive 44 010 noch etwas unfertig, die der Werksfotograf hier abgelichtet hat. Folgeaufträge der Reichsbahn für weitere 44ern bleiben zunächst aus und die ME produziert 1938 zunächst nur noch eine Serie von Tendern der Baureihe 2'2' T34 für 44er anderer Hersteller.

Mitte, Mitte rehts und unten: Erst 1941 erhalten die Esslinger ein weiteres Fertigungslos für Lokomotiven der Baureihe 44, welche die Betriebsnummern 44 374 bis 388 erhalten werden. 44 386 aus diesem Los, die die Fabriknummer 4451 erhalten hat, fungiert hier als Model für eine Fotoserie, mit welcher der Werksfotograf die Baureihe vor der Abnahme durch die Reichsbahn dokumentiert.

Baureihe 50

Die wohl erfolgreichste Einheits-Güterzuglokomotive der Deutschen Reichsbahn ist die Baureihe 50 mit der Achsfolge 1'E, die ab 1939 in 3164 Exemplaren entsteht. Die Maschinenfabrik Esslingen ist an der Produktion ab 1942 beteiligt, wobei die Lokomotiven der ersten Serie noch dem Vorkriegsstandard entsprechen wie die 50 1394, die wir hier sehen.

Noch 1942 macht sich der kriegsbedingte Rohstoffmangel bemerkbar, sodass die Baureihe 50 zur vereinfachten Übergangskriegsbaureihe 50 ÜK weiterentwickelt wird, bei der auf nicht notwendige Teile wie Windleitbleche verzichtet wird. 50 2668 wirkt dadurch allerdings etwas unfertig.

Noch weiter vereinfacht, ohne Vorwärmer, ohne das zweite Führerstandsfenster, dafür aber mit Frostschutzverkleidung zeigt sich 50 2864 dem Fotografen.

Die fertige Jubiläumslokomotive mit der Fabriknummer 4500 wird natürlich werbewirksam in Szene gesetzt und von allen Seiten fotografiert.

Hier entsteht der Jubilar, der auf der Seite zuvor als fertiggestellte Lokomotive zu bewundern ist. Die 4500ste Lokomotive aus Esslinger Fertigung ist eine 50 ÜK, die die Betriebsnummer 2688 erhalten wird. Ihren Kessel hat man feierlich geschmückt und abgelichtet, bevor er auf den Rahmen gesetzt wurde.

Rechts: Die Baureihe 50 bildet auch nach dem Zweiten Weltkrieg das Rückgrat des Güterverkehrs der Bundesbahn. Daher lässt diese in den 1950er-Jahren zahlreiche Maschinen bei der ME aufarbeiten.

Unten: Hier sehen wir eine 50er während der Aufarbeitung im Werk Mettingen. Während ein Arbeiter Schweißarbeiten in der Rauchkammer durchführt, überprüft ein anderer den Zylinder. Ein Dritter montiert den Handlauf am Kessel.

Das aufgearbeitete Führerhaus der 50 2207 wartet auf die Montage.

Baureihe 52

Die Baureihe 52 ist die erste Kriegsbaureihe, die ab 1942 von allen namhaften Lokomotivfabriken gefertigt wird. Von den geplanten 15000 Exemplaren werden bis Kriegsende aber nur gut 7000 fertiggestellt werden. Die Maschinenfabrik Esslingen ist ab 1943 an der Produktion beteiligt. Der mit einem Steifrahmentender gekuppelte Erstling 52 1350, der die Fabriknummer 4536 hat, ist hier festgehalten. Wie alle 52er der ersten Lieferserie besitzt er noch einen Barrenrahmen.

Ab der 52 1400 mit der Fabriknummer 4586 sind die 52er mit Blechrahmen versehen. Den Wannentender hat Borsig zugeliefert.

52 1467 ist dagegen komplett von der ME gefertigt worden. Auch sie entsteht noch 1943 und hat die Fabriknummer 4653.

Aus dem Jahr 1944 stammt die 52 1553 mit der Fabriknummer 4777, die der Werksfotograf hier festgehalten hat.

Als Subunternehmer von Krauss-Maffei in München fertigt die ME 1944 zwei 52er. Die 52 3834, deren Tender von den Rax Werken in Wiener Neustadt zugeliefert wurde, ist auf dieser Aufnahme zu sehen.

Baureihe 64

Ab 1928 beschafft die Deutsche Reichsbahn die 1'C1' Tenderlokomotiven der Baureihe 64, die für den Einsatz vor Personenzügen auf Nebenbahnen gedacht sind. Technisch ähneln sie den Schlepptenderlokomotiven der Baureihe 24 und sind wie diese Vertreter der Einheitslokomotivbaureihen der Reichsbahn. Die Maschinenfabrik Esslingen ist mit mehreren Fertigungslosen an der Produktion der Baureihe 64 beteiligt. Die 64 152, die wir hier sehen, ist die erste Lokomotive des ersten Fertigungsloses aus dem Jahr 1928, bei dem noch Bisselgestelle zum Einbau kamen. Sie hat die Fabriknummer 4193.

1934 fertigt die ME eine zweite Serie von 64ern, die nun mit Krauss-Helmholtz-Gestellen ausgestattet sind. Die 64 293 mit der Fabriknummer 4250 gehört zu dieser zweiten Serie und weist eine Besonderheit auf. Als einzige 64er ist sie versuchsweise mit der von Oberingenieur Günther entwickelten Ventilsteuerung Bauart Esslingen ausgerüstet.

Auf dieser Detailaufnahme ist einer der Zylinder der 64 293 mit der Ventilsteuerung Bauart Esslingen zu sehen. Sie zeigt zwar im Einsatz die erwartete bessere Ausnutzung des Dampfes und somit größere Wirtschaftlichkeit, ist aber in Einstellung und Unterhaltung recht aufwendig, weshalb die Reichsbahn vom serienmäßigen Einbau bei weiteren 64ern absieht und die Lokomotive 1943 auf Kolbenschieber umbauen lässt.

Aus der letzten Lieferserie aus dem Jahr 1940 stammt die 64 499, die sich hier im Fotolack dem Fotografen präsentiert. Die Lokomotive trägt die Fabriknummer 4387.

Wie das Fabrikschild belegt, ist 64 419 eine Esslingerin, die im Jahre 1937 mit der Fabriknummer 4312 das Werk in Mettingen verlassen hat.
(Foto Alexander Weber)

Der Verein DBK Historische Bahn mit Sitz in Crailsheim hat die 64 419 betriebsfähig erhalten. Am 19. September 2021 wartet sie an der Spitze eines Sonderzuges im Stuttgarter Hauptbahnhof auf das Ausfahrtsignal. (Foto Alexander Weber)

Baureihe 86

Die Baureihe 86 ist eine 1'D1'-Güterzugtenderlokomotive aus der Einheitslokomotivenfamilie der Reichsbahn, von der zwischen 1928 und 1943 insgesamt 776 Exemplare bei verschiedenen Lokomotivfabriken entstehen. Die Maschinenfabrik ist an der Fertigung beteiligt und produziert zwischen 1931 und 1938 mehrere kleine Serien der 86er. 86 097 stammt aus dem Jahr 1932 und hat die Fabriknummer 4241.

Baureihe 97

Die Lokomotiven der Baureihe 97.5 sind Zahnradlokomotiven, die noch von der KWStE als Klasse Hz bei der ME in Auftrag gegeben wurden. Die E-Kuppler haben einen Zahnradantrieb nach System Winterthur, der auf reinen Adhäsionsstrecken stillgelegt werden kann. 1922 liefert die ME mit der 97 501 und ihrer Schwestermaschine 502 die ersten beiden Exemplare dieser Baureihe an die Reichsbahn aus, die sie auf der Strecke Honau - Lichtenstein einsetzt.

Hier sehen wir 97 502 auf einer Probefahrt nach der Hauptuntersuchung. Die Lokomotive ist noch mit einer Indiziereinrichtung versehen, um letzte Einstellungen am Triebwerk vorzunehmen.

Bei der Auslieferung von 97 502 im Jahr 1922 ist dieses Foto der Lokführerseite der Lokomotive entstanden. Gut erkennbar ist auch das Zahnrad des Zahnradantriebes zwischen 2. und 3. Kuppelachse.

1953 macht sich der Werksfotograf der ME auf nach Honau, um die dort immer noch eingesetzten Lokomotiven der Baureihe 97.5 zu fotografieren. Bei dieser Gelegenheit entsteht das Foto von 97 501 beim Wasserfassen.

Aufgrund der guten Erfahrungen mit der Baureihe 97.5 ordert die Reichsbahn 1925 zwei weitere Exemplare bei der ME. Eine von ihnen, die 97 504 mit der Fabriknummer 4142 weilt 1954 zur Generalüberholung in Mettingen, wo sie der Werksfotograf nach der Fertigstellung auf dem Anschlussgleis zum Werk von allen Seiten ablichtet. Ihre Schwestermaschine 97 503 wird 1957 als einzige der Baureihe verschrottet werden, während 97 504 heute im Deutschen Technikmuseum in Berlin steht. 97 501 gehört dem Verein der Freunde der Zahnradbahn Honau – Lichtenstein und ist seit 2013 wieder bis auf den Zahnradantrieb voll betriebsfähig aufgearbeitet. Und 97 502 schließlich ist im Eisenbahnmuseum Bochum-Dahlhausen der Nachwelt erhalten geblieben.

Baureihe 99

Schon vor dem Ersten Weltkrieg gab es bei der KWStE Überlegungen, die Schmalspurlokomotiven der Klassen Ts3 und Ts4 durch leistungsstärkere Lokomotiven zu ersetzen. Kriegsbedingt kam es aber nie zu einer Bestellung der geplanten, neuen Klasse Ts5. Erst 1927 greift die Reichsbahn die Pläne wieder auf und ordert bei der ME vier Exemplare der nun als Baureihe 99^{19} bezeichneten E-Kuppler, die auf der Strecke Nagold - Altensteig zum Einsatz kommen. Konstruktiv entsprechen sie weitgehend der sächsischen IV K, die für den Einsatz in Württemberg nun als meterspurige Variante zur Ausführung kommt.

Lokomotiven für die Deutsche Bundesbahn

Baureihe 23

Nach dem Zweiten Weltkrieg macht sich die Deutsche Bundesbahn an eine Erneuerung ihres Lokomotivbestandes. Da die Dampftraktion noch nicht wegzudenken ist, wird auch ein Nachfolger für die bewährte preußische P8 im Personenzugdienst gesucht und unter Leitung von Friedrich Witte entsteht das Projekt einer 1'C1' Schlepptenderlokomotive. Die Baureihe 23 wird zwischen 1950 und 1959 in 105 Exemplaren, von denen die ME ganze vier Stück fertigt, gebaut. Hier sehen wir, wie gerade zwei Rahmen in drehbaren Vorrichtungen zusammengeschweißt werden.

Ein fertiger und bereits mit Zylindern versehener Rahmen einer 23er wird auf einem Flachwagen zum nächsten Montagestand transportiert.

Diese Detailaufnahme gibt den Blick in den Stehkessel der Baureihe 23 frei.

Hier hat der Fotograf das Ausreiben der Deckenstehbolzenlöcher am Kessel festgehalten.

Im nächsten Arbeitsschritt werden die Stehbolzen in die Feuerbüchse eingeschweißt.

Am Domverstärkungsring im Kessel sind noch Nacharbeiten erforderlich.

Auf dieser Aufnahme werden gerade die Rauchrohre in den Kessel eingewalzt.

Die fertige Feuerbüchse wird in den Stehkessel eingefädelt.

Der im Rohbau fertige Kessel einer 23er wird auf Transportwagen zur nächsten Arbeitsstation geschafft, um dort komplettiert zu werden.

Zur Isolierung erhält der Kessel eine Bekleidung mit Asbestmatten.

In einer anderen Abteilung des Lokomotivbaus ist mittlerweile der Rahmen angekommen, um weiter bearbeitet zu werden.

Die einbaubereiten Radsätze sehen wir hier.

Vorsortiert liegen die Kuppelstangen zum Einbau bereit.

Das hintere Lenkgestell hat der Werksfotograf auf diesen beiden Detailaufnahmen dokumentiert.

Hier sehen wir das geschlossene Führerhaus einer 23er.

Auf dem Rahmen sind mittlerweile Kessel und Führerhaus montiert worden.

Nachdem die Lokomotive auf ihre Radsätze gesetzt und das Fahrwerk komplettiert wurde, beginnt die Endmontage.

Ein Arbeiter schweißt die Abdampfleitungen von den Zylindern in den vorverschraubten Flansch an der Rauchkammer ein - so wird eine beidseitig passgenaue Schraubverbindung geschaffen, die später immer wieder gelöst und montiert werden kann.

Eine Zylinderverkleidung bedarf noch einiger Nacharbeiten, bevor sie montiert werden kann.

Während die ME nur vier 23er komplett fertigt, stellt sie für diverse andere Lokomotiven dieser Baureihe die Tender her. Zwei Arbeiter bearbeiten hier gerade einen der Drehgestellrahmen für einen dieser Tender des Typs 2'2' T31.

Zwei fertige Tenderdrehgestelle sind bereit zum Einbau.

Der Kohlenkasten wird auf einen Tender aufgesetzt und ausgerichtet.

Zwei im Rohbau fertige Tender präsentieren sich hier dem Fotografen.

Diese beiden Tender warten 1955 darauf, an Krupp in Essen ausgeliefert zu werden, um die dort gefertigten 23er zu komplettieren.

Rechts Mitte: Hier sehen wir die Stirnansicht eines Tender des Typs 2'2' T31.

Rechts außen: Einen Blick in den Führerstand einer 23er gewährt uns diese Aufnahme, die gleichzeitig die gegen den Tender rundum abgedichtete Öffnung in der Rückwand zeigt.

Links: 23 077 ist die erste der vier 23er, die die ME 1956 an die Bundesbahn ausliefert. Sie hat die Fabriknummer 5205.

Mitte und unten: Dementsprechend dokumentiert der Werksfotograf sie sowohl auf dem Anschlussgleis...

Oben: ...als auch auf dem Werksgelände in Mettingen ausführlich von allen Seiten.

Rechts Mitte und unten: Mit der 23 080 endet die Fertigung der Baureihe 23 und auch die Fertigung kompletter Dampflokomotiven für die Bundesbahn bei der Maschinenfabrik Esslingen

Erste Planungen für die spätere Baureihe 82 gehen bereits auf das Jahr 1939 zurück. Aber erst nach dem Krieg konkretisieren sich die Pläne für diesen E-Kuppler, der für den Rangier- und Streckendienst vorgesehen ist. Die ersten 32 Exemplare der Baureihe fertigen ab 1950 die Firmen Krupp und Henschel. 1951 und 1955 entstehen bei der ME nochmals neun Lokomotiven dieser Baureihe, von der hier gerade die Rahmenwangen geschweißt und gerichtet worden sind.

Der Rahmen wird in einer stationären Vorrichtung komplettiert.

Der Stehkessel ist zum Einbau der Feuerbüchse bereit.

Hier werden die Deckenstehbolzen in den Kessel eingeschweißt.

Die Kesselhalsrundnaht wird mit einer Heftschweißung vorbereitet.

Rechts: Am Stehkessel werden die Stehbolzenlöcher ausgerieben.

Ein Arbeiter verputzt die Schweißnaht am Feuerloch der Feuerbüchse.

Rechts: Die Dampfdomdeckel-Stiftschrauben werden eingesetzt.

Der im Rohbau fertige Kessel steht auf der Richtplatte zum Vermessen.

Die fünf Kessel für die 82er sind fertiggestellt und werden mit den Armaturen komplettiert.

Vor dem Einbau werden sie probeweise angeheizt und einer Druckprüfung unterzogen.

Hier sehen wir den fertigen Rahmen einer 82er.

Den Moment des Aufsetzens des Kessels auf den Rahmen hat der Fotograf hier verewigt.

Auf dieser Aufnahme wiederum sehen wir, wie die Lokomotive auf die Radsätze aufgesetzt wird.

Bei der Endmontage hat der Werksfotograf diese 82er in den Hallen der Abteilung L festgehalten (siehe auch unten).

Die 82 035 mit der Fabriknummer 4971 war der Werbeabteilung der ME eine kleine Fotoserie wert; die Schiebebühne vor der Halle des Lokomotivbaus ist auch ein Produkt der Maschinenfabrik.

Auf dem Gelände des Werkes Mettingen hat man dagegen die 82 037 abgelichtet, die die Fabriknummer 4973 trägt.

Aus der zweiten Lieferserie von 1955 stammt 82 041 mit der Fabriknummer 5127. Wie ihre drei Schwestern ist sie mit einem Henschel-Mischvorwärmer ausgerüstet.

Europäisches Ausland

Lokomotiven für Dänemark

Zu den treuen Auslandskunden der ME gehört schon vor der Jahrhundertwende die Dänische Staatsbahn. Diese erhält die 1B-Schlepptenderlokomotive "Skjold" für den Einsatz vor Personenzügen, welche die Fabriknummer 655 trägt.

Ebenfalls eine Personenzuglokomotive ist die "Hertha" aus demselben Jahr. Bei ihr ist die zweite Kuppelachse schon deutlich weiter hinten angeordnet, um das Laufverhalten bei höherer Geschwindigkeit zu verbessern.

1875 entsteht die "Askur", die die Achsfolge B1 aufweist. Sie zieht Personenzüge auf der dänischen Nord-West-Bahn, links ist der Tender der "Askur" abgebildet.

Die Nr. 78 ist eine C-gekuppelte Güterzuglokomotive der Baureihe G. Sie entsteht 1875 unter der Fabriknummer 1440. 1964 hat sie der Werksfotograf der ME hier im Eisenbahnmuseum der dänischen Staatsbahn in Odense festgehalten.

Bei der Ablieferung im Jahre 1875 ist dagegen dieses Foto einer G mit der Betriebsnummer 82 entstanden.

Die "Roar" ist eine Vertreterin der Baureihe A. 1876 liefert die ME fünf dieser B1-Tenderlokomotiven nach Dänemark.

Aus einer Serie von fünf B1-Schlepptenderlokomotiven des Jahres 1879 für die dänische Staatsbahn stammt die "Tjalfe".

Fast schon spielzeughaft wirkt der B-Kuppler mit der Betriebsnummer 1, der zusammen mit einer Schwestermaschine 1882 für die Strecke Odense - Bogense entsteht. Er hat die Fabriknummer 1891.

(Nachlass Braitmaier - Wirtschaftsarchiv Baden-Württemberg)

Die B2'-Tenderlokomotiven der Baureihe P der Dänischen Staatsbahn haben ein recht eigenwilliges Erscheinungsbild. Die ME fertigt 1883 sechs Exemplare dieser Lokomotiven.

Von den C-Kupplern der Baureihe F ordert die Dänische Staatsbahn zehn Exemplare bei der ME. Diese werden zwischen 1898 und 1899 im Zweigwerk in Saronno produziert.

Die 2'B-Schlepptenderlokomotiven der Baureihe C sind Schnellzuglokomotiven, von denen die Dänische Staatsbahn 1903 fünf Stück in Esslingen bestellt.

Lokomotiven für Frankreich

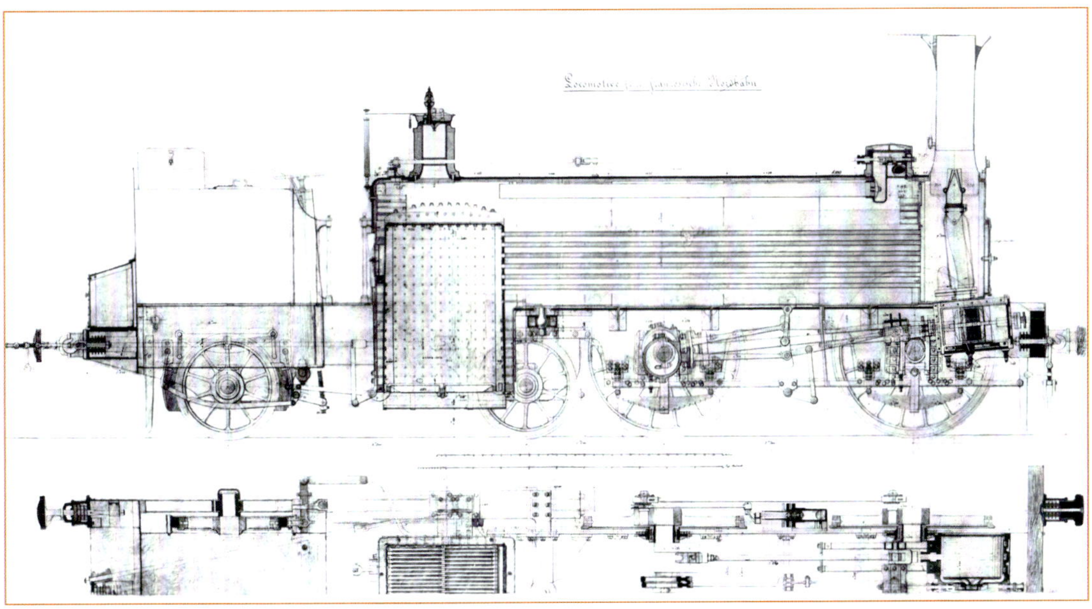

Für die 1854 gegründete Compagnie des chemins de fer du Dauphiné in Grenoble entwirft die ME eine Serie von Stütztenderlokomotiven der Bauart Engerth. Sie werden unter den Fabriknummern 289 bis 294 im Jahr 1855 gefertigt.

Lokomotiven für Griechenland

Die erste Verbundlokomotive, die die Maschinenfabrik Esslingen produziert, ist die "Laurion". Der C-Kuppler mit der Fabriknummer 1954 geht 1883 an die Attischen Bahnen in Griechenland.

Lokomotiven für Italien

Ferrovia Albano - Nettuno

Nach Italien pflegt die ME sehr gute Kontakte und kann vor dem Ersten Weltkrieg auch zahlreiche Lokomotiven nach dort verkaufen. Eine davon ist die 1B-Tenderlokomotive "Roma" der Ferrovia Albano-Anzio-Nettuno aus dem Jahr 1883.

Ferrovia Leopolda

An die Ferrovia Leopolda in Florenz geht 1865 eine Serie von acht 1B-Schlepptenderlokomotiven. Die "J. Watt" ist eine von ihnen und hat die Fabriknummer 713.

Ferrovie Nord Milano

Die Ferrovie Nord Milano (FNM) betreiben unter dem Namen Trenord noch heute ein großes Streckennetz rund um die Hauptstadt der Region Lombardei. 1879 ordert die FNM fünf Tenderlokomotiven der Achsfolge B1, zu denen auch die "Erba" gehört.

Auf der damals noch schmalspurigen FNM-Strecke von Saronno nach Como kommt der C-Kuppler "Lomazzo" zum Einsatz. Der Werksfotograf hat ihn vor der Ablieferung sowohl ohne als auch mit Fahrwerksverkleidung abgelichtet. Er hat die Fabriknummer 1787 und wird zusammen mit drei Schwestermaschinen 1880 ausgeliefert.

Der C-Kuppler "Laveno" ist zusammen mit der "Varese" ab 1880 auf der FNM-Strecke Mailand – Erba im Einsatz.

Società Anonima per la Ferrovia Novara – Seregno

An die Società Anonima per la Ferrovia Novara – Seregno geht 1886 die B1-Tenderlokomotive "Ticino" mit der Fabriknummer 2168.

Società Nazionale Ferrovie e Tramvie

Sieben dieser C-Kuppler entstehen zwischen 1906 und 1908 im Werk Saronno für die Società Nazionale Ferrovie e Tramvie für den Einsatz auf der Strecke Iseo - Edolo.

Società per le Strade Ferrate Calabro - Sicule

Links: Die Società per le Strade Ferrate Calabro – Sicule ordert 1883 eine Serie von 13 C-gekuppelten Güterzugtenderlokomotiven bei der ME. Hier sehen wir Lokomotive Nr. 149 Rechts: Lokomotive Nr. 153 aus der Lieferung von 1883 an die Società per le Strade Ferrate Calabro – Sicule ist auf dieser Aufnahme zu sehen. (Beide Aufnahmen aus dem Nachlass Braitmaier - Wirtschaftsarchiv Baden-Württemberg)

Società per le Strade Ferrate Meridionali

Fabriknummer 1964 ist eine von sechs B1-Tenderlokomotiven, welche die ME 1883 für die Società per le Strade Ferrate Meridionali fertigt. (Nachlass Braitmaier - Wirtschaftsarchiv Baden-Württemberg)

1887 und 1888 liefert die ME insgesamt zehn Schnellzuglokomotiven der Achsfolge 2'B an die Società per le Strade Ferrate Meridionali, welche sie auf dem Netz der Rete Adriatica einsetzt.

Dieser C-Kuppler ist unverkennbar eine Güterzulokomotive. Er gehört zu späteren Baureihe 290 der italienischen Staatsbahn und wird 1905 zusammen mit drei Schwestermaschinen an die Società per le Strade Ferrate Meridionali für den Einsatz auf dem Netz der Rete Adriatica geliefert.

Società per le Strade Ferrate Romane

Links: Die Società per le Strade Ferrate Romane erhält 1876 sechs Personenzugschlepptenderlokomotiven mit der Achsfolge 1B von der ME. Rechts: Sechs Exemplare umfasst die Lieferung von C-gekuppelten Güterzuglokomotiven für die Società per le Strade Ferrate Romane, die sich 1884 auf den Weg von Esslingen nach Rom machen. (Nachlass Braitmaier - Wirtschaftsarchiv Baden-Württemberg)

Società Veneta

Für den Einsatz vor Personenzügen ordert die Società Veneta 1876 sechs Schlepptenderlokomotiven der Achsfolge 1B in Esslingen. Die "Padova" hat die Fabriknummer 1547

Links: 1877 entstehen die "Istrana" und ihre Schwesterlokomotive "Rossano" für die Società Veneta. Rechts: Die "Venezia" wie auch die "Campodarsego" weisen die Achsfolge B1 auf. Beide Maschinen liefert die Maschinenfabrik 1877 an die Società Veneta.

1878 bestellt die Società Veneta drei Rangierlokomotiven mit der Achsfolge B1 und sehr kompakten Abmessungen bei der ME. Eine davon ist die "Vittorio", welche die Fabriknummer 1728 hat.

Ferrovie dello Stato

Links: Die italienische Staatsbahn erhält 1908 aus dem Werk Saronno eine Serie von C-gekuppelten, schmalspurigen Zahnradlokomotiven nach System Abt für das sizilianische Streckennetz. Die Lieferung umfasst insgesamt sechs Exemplare. Rechts: 1911 liefert das Werk in Saronno eine Serie von 1'C-Schlepptenderlokomotiven der Baureihe 640 an die italienische Staatsbahn.

Auch die Lokomotiven der Baureihe 625 entstehen um die Jahrhundertwende in großer Stückzahl im Werk Saronno. Sie werden bis 1976 im Einsatz sein.

Lokomotiven für Österreich

Galizische Carl Ludwig Bahn

1858 übernimmt die Galizische Carl Ludwig-Bahn Streckennetz und Fahrzeuge der k. und k. Östlichen Staatsbahn in Galizien im Gebiet des heutigen Polen und der Ukraine. 1870 bestellt die Bahngesellschaft zwölf C-Kuppler-Güterzuglokomotiven mit Außenrahmen bei der ME. Die "Zborow" ist die letzte aus dieser Serie und hat die Fabriknummer 1009.

Für den Einsatz vor Personenzügen liefert die Maschinenfabrik im selben Jahr auch noch vier 1B-Schlepptenderlokomotiven, die ebenfalls einen Außenrahmen aufweisen, nach Galizien. Unter den Lokomotiven befindet sich auch die "Krakow" mit der Fabriknummer 1044.

1872 erhält die Galizische Carl Ludwig-Bahn vier weitere Personenzug-Schlepptenderlokomotiven. Sie haben die Achsfolge B1 und nun auch einen Innenrahmen. Die "Balta" mit der Betriebsnummer 123 hat die ME-Fabriknummer 1198.

Österreichische Nord-West-Bahn

Die Österreichische Nord-West-Bahn entsteht 1868 und hat ihr Streckennetz in Niederösterreich, Böhmen und Mähren. Sie bestellt 1882 eine Serie von zehn vierfach gekuppelten Güterzuglokomotiven.

Österreichische Südbahn

Die 1859 gegründete Südbahn Gesellschaft ist eine Aktiengesellschaft, die zahlreiche Strecken im damaligen Kaiserreich Österreich betreibt. Zur Erstausstattung des Unternehmens gehört eine Serie von zwölf 1B-Schlepptenderlokomotiven, von denen die ehemalige "Friedau" mit der Fabriknummer 459 hier in den 1930er-Jahren auf einem Abstellgleis auf ihre Verschrottung wartet.

Die Baureihe 35b sind D-Kuppler für den Gütezugeinsatz, welche die Südbahn 1872 in zehn Exemplaren bei der ME ordert. Nr. 1000 hat dabei die Fabriknummer 1221.

Österreichische Staatsbahn

Die Österreichische Staatsbahn setzt 1871 für den Güterzugdienst ebenfalls auf schwere vierfach gekuppelte Schlepptenderlokomotiven. Die "Párdány" stammt aus einer Serie von 15 Lokomotiven, die die ME in jenem Jahr nach Österreich liefert.

Gaisberg Zahnradbahn

Die Gaisbergbahn war eine touristische Zahnradbahn in Salzburg, die von 1887 bis 1928 bestand. Die drei Lokomotiven der Erstausstattung liefert die ME. Eine von ihnen, Lokomotive Nr. 2 mit der Fabriknummer 2206 sehen wir hier. Gut erkennbar ist auf dieser Aufnahme auch das Zahnradsystem Riggenbach, bei dem die Adhäsionsachsen reine Tragachsen sind und die Zylinder nur die Zahnräder antreiben.

Lokomotiven für Portugal

Die portugiesische Bahngesellschaft Comp. Caminhos de Ferro Guimaraes bestellt 1907 drei Tenderlokomotiven mit der Achsfolge 1'C bei der ME. Eine davon mit der Fabriknummer 3421 erhält den Namen "Fafe".

Lokomotiven für Russland

Charkow-Krementschuk & Odessa Eisenbahn

Die Charkow-Krementschuk & Odessa Eisenbahn gibt 1866 18 dreifach gekuppelte Schlepptenderlokomotiven zur Bespannung von Güterzügen in Esslingen in Auftrag. Die "Donez" mit der Betriebsnummer 45 zeichnet sich wie ihre Schwestermaschinen durch ein Fahrwerk mit Außenrahmen aus. Links sehen wir den dreiachsigen Tender der Donez.

Die vier C-Kuppler mit Außenrahmen, die die ME1869 nach Odessa liefert, sind ebenfalls Güterzuglokomotiven, die nun aber schon ein teilweise geschlossenes Führerhaus besitzen. Der Werksfotograf hat auf dieser Aufnahme die "Walki" mit der Fabriknummer 964 aus dieser Lieferung festgehalten. Auch die "Walki" besitzt einen dreiachsigen Tender.

Eine typische Personenzuglokomotive ist die "Merefa" aus einer Lieferung von sechs 1B-Schlepptenderlokomotiven für Odessa aus dem Jahr 1870.

Nicolai-Bahn

Die Nicolaibahn von St. Petersburg nach Moskau ist die älteste und wichtigste Bahnstrecke Russlands. Für sie fertigt die Maschinenfabrik 1879 eine Serie von zehn Personenzug-Schlepptenderlokomotiven der Reihe K mit der Achsfolge 2'B.

Russische Staatsbahn

Auf der Strecke Grjäsi – Zarizyn der Russischen Staatsbahn sind die D-Kuppler-Güterzuglokomotiven der Reihe F im Einsatz, welche die Esslinger 1879 in sechs Exemplaren fertigen.

Ural-Bahn

Ebenfalls als D-Kuppler sind die Güterzuglokomotiven der Reihe B für die Uralbahn ausgeführt. Von ihnen entstehen bereits 1876 insgesamt 15 Stück, die abgebildete Nr. 106 hat die Fabriknummer 1527.

Sowjetische Bahnen

Rechts: Nach dem Ersten Weltkrieg hat die ME einen Großteil ihrer früheren Auslandskontakte verloren. Von daher nimmt man den Auftrag aus der Sowjetunion über zehn Güterzuglokomotiven der Gattung EG mit fünf Kuppelachsen, der 1922 über Schweden an den Lokomotiv-Verband herangetragen wird, natürlich dankbar an. Den Rahmen einer der Lokomotiven sehen wir hier.

Mitte links: Einer der Kessel für den Russlandauftrag wartet auf einem Transportgestell auf den Einbau.

Am 27. Juni 1922 ist die erste EG für die Sowjetunion fertiggestellt, weshalb die Verantwortlichen des Lokomotivbaus bei der ME für ein Erinnerungsfoto mit der Lokomotive posieren.

Noch ohne Tender hat der Werksfotograf Lokomotive 5595 hier abgelichtet.
Rechts: Die Frontansicht der Baureihe EG zeigt sehr gut die vom ungewohnten Scheinwerfer dominierte Optik dieser Lokomotiven.

Hier sehen wir die Seitenansicht der 5591 mit ihrem Tender. Ein typisches Merkmal der russischen Lokomotiven ist das umlaufende Geländer, das auch während der langen Fahrten eine sichere Inspektion wartungsbedürftiger Teile ermöglicht.

Lokomotiven für die Schweiz

Bernische Staatsbahn

Die Bernische Staatsbahn entsteht 1861 aus der Konkursmasse der früheren Schweizerischen Ostwestbahn, deren Schienennetz sie übernimmt. Um den Fuhrpark zu erneuern, lässt die Staatsbahn 1863 und 1864 eine Serie von zwölf 2'B-Tenderlokomotiven bei der ME bauen, von denen die "Aarberg" mit der Fabriknummer 654 die letzte ist.

Centralbahn

Das Gründungsjahr der Schweizerischen Centralbahn, die eine der fünf großen Bahngesellschaften der Schweiz war, ist 1853. Wie viele andere Bahngesellschaften in der Schweiz ordert auch sie Stütztenderlokomotiven des Typs Engerth in Esslingen. Die "Genf" gehört zu einer Lieferung von acht Lokomotiven aus dem Jahr 1858.

Auch die "Toess" ist eine Engerth Stütztenderlokomotive. Die Centralbahn erhält sie und ihre drei Schwesterlokomotiven im Jahr 1872.

Chemins de fer Fribourg – Lausanne – Berne

Die Chemins de fer Fribourg – Lausanne – Berne oder Oronbahn nimmt 1858 ihren Betrieb auf. Diesen tragen ab 1862 auch die zwölf 2'B-Tenderlokomotiven mit, die die ME für die Oronbahn produziert. Die "Sarine" hat dabei die Fabriknummer 584. Ungewohnt ist der in Deutschland nicht übliche Satteltank.

Chemins de fer du Jura Bernois

Die 2'B-Tenderlokomotive mit der Betriebsnummer 24 entsteht zusammen mit der Schwesterlokomotive 23 im Jahr 1881. Besteller der beiden Lokomotiven ist die Chemins de fer du Jura Bernois.

Compagnie du Jura Industriel

Zwischen 1857 und 1875 existierte die Bahngesellschaft Compagnie du Jura industriel, welche auch Kunde bei der ME war. 1873 bestellt sie zwei Stütztenderlokomotiven des Typs Engerth. Die "La Chaux-de-Fonds" hat die Fabriknummer 1303.

Leuk - Leukerbad - Bahn

Die Leuk-Leukerbad-Bahn war eine Zahnradbahn, die zwischen 1915 und 1967 eine Strecke im Kanton Wallis betrieb. Einzige Lokomotive war lange Zeit die HG 2/2 Nr. 1, die 1914 von der ME nach Plänen der SLM gefertigt wurde und einen Zahnradantrieb nach System Abt hatte. Nach der Elektrifizierung der Strecke wird sie zum Schneepflug umgebaut werden.

Nord - Ost - Bahn

Zu den Großkunden der ME in der Schweiz zählt sicherlich die Schweizerische Nord-Ost-Bahn. 1863 bestellt sie vier Beugniot-Stütztenderlokomotiven des Typs C III bei der Maschinenfabrik.

1873 entstehen zehn Güterzuglokomotiven mit der Achsfolge C für die Nord-Ost-Bahn. Die 84 als letzte der Serie hat die Fabriknummer1268.

Die drei B-Kuppler, die die Nord-Ost-Bahn 1874 bei der Maschinenfabrik in Auftrag gibt, werden als Rangierlokomotiven eingesetzt.

Links: Ebenfalls 1874 kann die ME sechs B-Kuppler, die aber nun als Schlepptenderlokomotiven ausgeführt sind, an die Nord-Ost-Bahn liefern.
Rechts: Diese Tender sind zweiachsig ausgeführt.

Società di Navigazione e Ferrovie per Lago di Lugano

Zum Netz der Società di Navigazione e Ferrovie per Lago di Lugano gehört auch eine Schmalspurbahn. Für diese fertigt die Maschinenfabrik 1884 zwei C-Kuppler mit Außenrahmen.

Die "Giocondo-Albertolli" geht 1884 ebenfalls nach Lugano. Sie und ihre drei Schwestermaschinen weisen die Achsfolge C2 auf.

Vereinigte Schweizerbahnen

Links: Die Vereinigten Schweizerbahnen entstehen 1857 durch die Fusion von drei Vorgängergesellschaften. Im Jahr darauf ordert sie bei der ME eine große Serie von Engerth-Stütztenderlokomotiven. Die "Spluegen", die wir hier sehen, hat die Fabriknummer 404.

Mitte: Als leichte Rangierlokomotiven kommen die beiden B-Kuppler zum Einsatz, die die Vereinigten Schweizerbahnen 1881 in Esslingen fertigen lassen.
(Nachlass Braitmaier - Wirtschaftsarchiv Baden-Württemberg)

Wädenswil-Einsiedeln-Bahn

Für die Strecke Wädenswil – Einsiedeln der 1870 gegründeten Wädenswil-Einsiedeln-Bahn nimmt die Nordostbahn 1876 drei von der ME gelieferte Lokomotiven mit Walzenradsystem nach Wetli in Betrieb, darunter die 252 mit der Fabriknummer 1520. Die Schwesterlok 253 verunglückt bei der Abnahmefahrt; das Konzept wurde danach, obwohl an der Unfallursache unbeteiligt, nicht weiterverfolgt.

Zwei reine Adhäsionslokomotiven sind die beiden C-Kuppler "Einsiedeln" und die "Waedenswil", welche die Maschinenfabrik 1878 als Nachfolger an die Nordostbahn liefert.

Lokomotiven für Serbien

Die Serbische Staatsbahn ist zwar ein guter Kunde für Eisenbahnwaggons der ME, Lokomotiven bestellt sie aber nur selten in Esslingen. Die abgebildete 2'B-Schlepptenderlokomotive Nr. 101 der Baureihe CS mit der Fabriknummer 2200 stammt aus einer Lieferung von vier Lokomotiven im Jahr 1887.

Lokomotiven für Spanien

Die Compañia de los ferrocarriles de Asturias, Galicia y Leon war im 19. Jahrhundert die führende Bahngesellschaft im Nordwesten Spaniens. 1881 lässt sie bei der ME eine Serie von zehn Güterzug-Schlepptender-lokomotiven der Achsfolge C bauen. Die "Don Pelayo" ist eine von ihnen, welche die Fabriknummer 1826 hat.
(Nachlass Braitmaier - Wirtschaftsarchiv Baden-Württemberg)

1906 ordert die Compañía del Ferrocarril Central de Aragón in Esslingen vier C'C'-Mallet-Güterzuglokomotiven. Das abgebildete Exemplar mit der Betriebsnummer 52 verlässt das Werk mit der Fabriknummer 3358.

Lokomotiven für die Türkei

Compagnie des Chemins de fer Orientaux

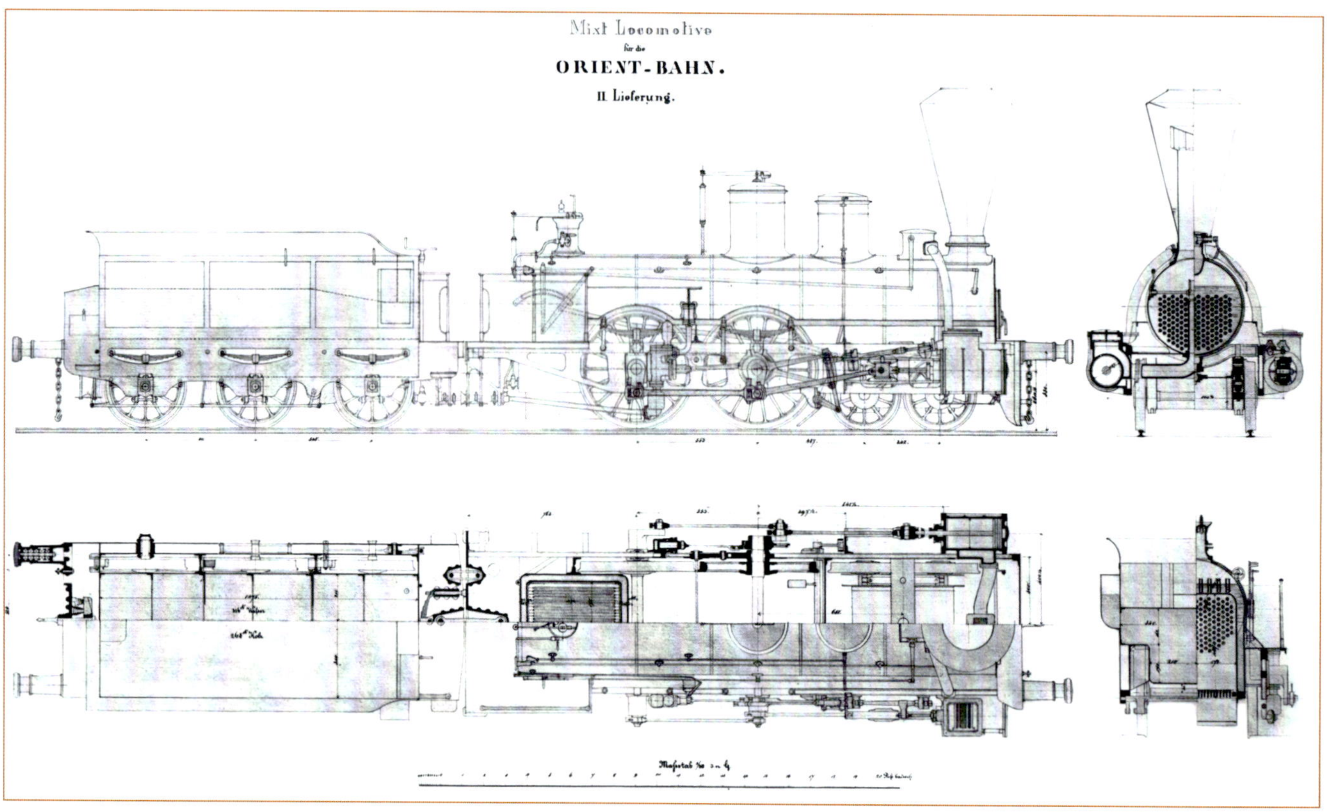

Die Compagnie des Chemins de fer Orientaux war eine 1870 gegründete Bahngesellschaft, die die Bahnstrecken im europäischen Teil des osmanischen Reiches bis 1937 baute und betrieb. Für sie entwirft die Maschinenfabrik diese 2'B-Schlepptenderlokomotive. Es wird aber zu keinem Vertragsabschluss kommen.

Société des Chemins de fer Ottoman d'Anatolie

Erst 1890 kann die ME ihre ersten Eisenbahnprodukte in die Türkei liefern, die Société du Chemins de fer Ottoman d´Anatolie ordert vier C-Kuppler-Schlepptenderlokomotiven mit Außenrahmen nebst passender Personenwagen für den Einsatz auf der Strecke von Istanbul nach Ankara. In den 1930er-Jahren fertigen Lehrlinge der Maschinenfabrik diese Modelle von Lokomotive und Wagen.

Eine der Lokomotiven aus dem Auftrag von 1890 sehen wir hier. Die No. 7 hat die Esslinger Fabriknummer 2364.

1955 hat der Werksfotograf der ME eine der Lokomotiven von 1890 abgestellt im Bahnhof Adana abgelichtet.

Türkische Staatsbahn

Die türkische Staatsbahn TCDD bestellt 1940 eine Serie von 1'E-Schlepptenderlokomotiven bei deutschen Lokomotivfabriken. Neun dieser Lokomotiven der türkischen Baureihe 56 fertigt die ME. Sie sind enge Verwandte der Einheitslokomotiven der Reichsbahn, wie auf diesen beiden Aufnahmen der Lokomotive mit der Fabriknummer 4399 unschwer zu erkennen ist.

Gleich vier Exemplare der Baureihe 56 für die TCDD fahren hier anlässlich eines Fototermins die Geislinger Steige hinauf. Kriegsbedingt können nicht alle Lokomotiven ausgeliefert werden, sodass die Reichsbahn aus dem Esslinger Kontingent zwei übernimmt und sie zusammen mit 23 weiteren, die von anderen Lokomotivfabriken hergestellt wurden, als Baureihe 58.28 in ihren Bestand einreiht.

Die Baureihe 56 bleibt bis 1988 bei der TCDD im Einsatz, wobei sie vor allem auf den Gebirgsstrecken Anatoliens ihren Dienst versieht. Hier sehen wir 56.122 (Fabriknummer 4407) am 22. Mai 1985 vor einem Güterzug mit Personenbeförderung. (Sammlung Alexander Weber)

Asien

Lokomotiven für Indien

East Indian Railway

Dass eine indische Eisenbahngesellschaft Lokomotiven bei einem deutschen Hersteller ordert, das ist in den 1860er-Jahren mehr als außergewöhnlich und zeigt, welch hohe internationale Wertschätzung die ME-Konstruktionen haben. Die East Indian Railway erhält nämlich 1867 20 Lokomotiven der Achsfolge 1B aus Esslingen, von denen eine mit der Fabriknummer 800 auf der Weltausstellung in Paris steht und dort eine Goldmedaille gewinnt.

Indian State Railway

Die Indian State Railway lässt 1887 in Esslingen zwei C1-Zahnradlokomotiven nach System Abt fertigen, die auf der Bolanbahn, die heute in Pakistan liegt, zum Einsatz kommen.

In den 1950er-Jahren startet die Indische Staatsbahn ein umfangreiches Programm, um ihren Lokomotivpark zu erneuern. Die ME als bekannter Hersteller von Dampfkesseln kann dabei einen Großauftrag über die Lieferung von Tauschkesseln für zwei Loktypen der ehemaligen Bengal-Nagpur Railway, inzwischen Teil der Eastern Railway, an Land ziehen. Es handelt sich dabei um 14 Kessel für 2'C-Schnellzugloks der Class GS, die zwischen 1920 und 1937 von der Vulcan Foundry und Robert Stephenson gebaut worden waren sowie um 16 Kessel für Garratt-Loks der Class N und 10 Kessel für Garratt-Loks der Class NM, gebaut 1929 bzw. 1931 von Beyer-Peacock. Hier wird für einen Kessel der Class GS die Stehkesselvorderwand angesetzt.

Hier sehen wir, wie die Feuerbüchsenrohrwand an einem GS-Stehkessel verschraubt wird. So ist es möglich, die anschließende Vernietung ganz ohne Vorrichtung durchzuführen; die Schrauben werden anschließend entfernt und durch weitere Niete ersetzt.

In einem weiteren Arbeitsschritt wird der hintere Kesselschluss eingesetzt.

Ein Arbeiter bohrt die Nietlöcher am Verstärkungsring des Speisedoms.

Auf diesen beiden Aufnahmen werden in einen Stehkessel die Längsanker eingebaut.

Um die Queranker am Stehkessel einziehen zu können, wird am Gewinde geschnitten.

Nachdem der Kessel fertig genietet ist, wird er auf der Richtplatte vermessen.

Gleich fünf Kessel für die Class GS befinden sich in der Endmontage.

Der Werksfotograf hat den fertigen Kessel von allen Seiten fotografisch dokumentiert.

Links unten: Auch die im Rahmen einer Probemontage angebrachten Bedienelemente und Abdampfinjektoren hat der Fotograf in einem Detailfoto festgehalten.

Auf Rungenwagen verladen machen sich drei Kessel für die Class GS auf den Weg nach Bremerhaven, von wo aus sie den Seeweg nach Indien antreten werden.

Der zweite für Indien gefertigte Kesseltyp ist für die Class N bestimmt, eine Beyer-Garratt mit der Achsfolge 2'D+D2'. Hier wird gerade ein Stehkesselmantel gebogen.

An der Stehkesselrückwand werden die Flansche der Wasserstandsanzeiger vormontiert.

Hier führen Arbeiter Stemmarbeiten am Stehkessel durch.

Auch einen fertigen Kessel für die Class N hat der Werksfotograf wieder von allen Seiten vor der Ablieferung festgehalten. Auf der Tafel ist noch der ursprüngliche Betreiber, die Bengal-Nagpur-Railway, vermerkt (siehe auch Seite 130 unten).

Hier sehen wir noch zwei Verladeszenen der Class N-Kessel in Bremerhaven.

1954 kann die ME weitere zehn Kessel an die Eastern Railway liefern. Sie sind für die Garratts der Class NM der ehemaligen Bengal-Nagpur Railway bestimmt.

Lokomotiven für Indonesien

Staatsspoorwegen auf Java

Der wohl größte Absatzmarkt für ME-Lokomotiven im asiatischen Raum ist Indonesien. Schon zu Zeiten der holländischen Kolonialherrschaft über das Inselreich entstehen intensive Geschäftsbeziehungen, die auch die beiden Weltkriege überdauern werden. Vor dem Ersten Weltkrieg wird ein größerer Teil des Eisenbahnnetzes auf Java von der Gesellschaft Staatsspoorwegen (SS) mit 1067 mm Spurweite betrieben. Daneben gibt es weitere Gesellschaften, wie die Nederlands-Indische Spoorweg Maatschappij (NIS), die ihr von Semarang ausgehendes Netz mit Normalspur gebaut hat. Diese ordert 1901 drei B1-Zahnradlokomotiven System Riggenbach für die mit 1067 mm angelegte Strecke Ambarawa-Setjang.

Aus dem Jahr 1921 stammt Lokomotive 1349 für die Staatsspoorwegen. Die 2'C2'-Tenderlokomotive stammt aus einer Lieferung von 14 baugleichen Maschinen, die ihre europäischen Wurzeln nicht verleugnen können.

Staatsspoorwegen auf Sumatra

Für das Streckennetz auf Sumatra, das von der Staatsspoorweg ter Sumatra betrieben wird, entsteht 1888 eine Serie von sechs 1B-Tenderlokomotiven, zu denen auch dieses Exemplar mit der Fabriknummer 2263 gehört.

Für die Zahnradstrecke Padang-Sawah Loento auf Sumatra ordert die Staatsspoorwegen 1888 vier B1-Tenderlokomotiven mit Zahnradantrieb System Riggenbach.

Ein Einzelexemplar ist die Riggenbach-Lokomotive mit der Achsfolge B, die 1892 nach Sumatra geht. Die weiteren fünf Lokomotiven für Padang-Sawah Loento, mit denen sie gemeinsam geliefert wird, sind wieder in der Achsfolge B1 ausgeführt.

Im Jahr zuvor produziert die ME sechs Adhäsions-Tenderlokomotiven mit der Achsfolge 1C für Sumatra. Das abgebildete Exemplar hat die Fabriknummer 2451.

1893 entstehen zwei dieser B-Kuppler mit Riggenbach-Zahnradantrieb. Auch sie liefert die ME nach Padang auf Sumatra.

Vier Exemplare umfasst eine Lieferung von weiteren B1-Zahnradtenderlokomotiven System Riggenbach für die Staatsspoorwegen auf Sumatra aus dem Jahr 1894.

Die B1-Zahnradtenderlokomotive System Riggenbach mit der Betriebsnummer 56 stammt aus 1899. Sie hat die Fabriknummer 3068, ihre Schwestermaschine 57 die Fabriknummer 3069. Bis auf den Wasserkasten unterscheidet sie sich kaum von der Vorlieferung.

Links: Die Nr. 69 ist eine Nachlieferung zu den acht baugleichen Tenderlokomotiven aus dem Jahr 1891. Diese Lokomotive von 1904 mit der Fabriknummer 3319 weist lediglich am Führerhaus ein paar Vereinfachungen auf.

Zwei schwere Riggenbach-Zahnradtenderlokomotiven der Achsfolge D1 fertigt die Maschinenfabrik Esslingen 1913 für die Strecke Padang-Sawah Loento.

Nach dem Ersten Weltkrieg bestellt die Staatsspoorwegen auf Sumatra wieder Zahnradlokomotiven bei der ME. Die 117 ist eine von sechs E-Kupplern, die ein Riggenbach-Zahnradsystem haben. Der Werksfotograf hat die wuchtige Lokomotive vor der Ablieferung von allen Seiten abgelichtet; noch ahnt niemand, dass diese Bauart bis 1966 immer wieder nachbeschafft und die letzte bei der ME gebaute Dampfloktype sein wird.

1928 liefert die Maschinenfabrik zwei weitere Lokomotiven dieser Bauart nach Sumatra. Die 123 hat die Fabriknummer 4215.

Ein Blick auf den Führerstand der 123.

Atjeh auf Sumatra

Die Atjeh-Tram war eine 1874 vom holländischen Militär erbaute Dampfstraßenbahn in der Provinz Aceh auf Sumatra. Natürlich war auch hier die ME wieder die erste Wahl, als es um die Ausstattung mit Fahrzeugen ging. So liefern die Esslinger 1904 insgesamt sechs B'B'-Malletlokomotiven an die Atjeh-Tram.

Djawatan Kereta Api (Indonesische Staatsbahn)

Als diese Aufnahme 1964 entsteht, ist der Lokomotivbau bei der ME und vor allem die Fertigung von Dampflokomotiven eigentlich schon Geschichte. Trotzdem entwickeln die Esslinger die fünfachsige Sumatra-Bauart nach neuesten Gesichtspunkten weiter. In Schweißtechnik und mit Giesl-Ejektor entsteht so die Zahnradtenderlokomotive der Baureihe E10 für die Indonesische Staatsbahn, von der zunächst vier Exemplare gebaut werden. Eine davon sehen wir hier beim Zusammenbau.

E10 51 mit der Fabriknummer 5306 ist die erste aus der Serie und wird natürlich wieder ausgiebig auf dem Werkshof fotografiert.

Die letzte Lokomotive der Lieferung aus dem Jahr 1964 ist dagegen die E10 54 mit der Fabriknummer 5309.

Auf einen Tiefladewagen macht sich E10 51 zusammen mit ihren Schwestermaschinen auf den Weg von Mettingen nach Bremerhaven.

Dort angekommen, erfolgt die Verladung auf ein Schiff, das sich dann auf die Reise nach Indonesien macht.

1966 entsteht nochmals eine Serie von E10-Zahnradlokomotiven, die diesmal sechs Exemplare umfasst. Die Letzte von ihnen, die E 10 60 macht hier auf dem Werksgelände eine Probefahrt, bevor sie ihre endgültige Lackierung erhalten wird.

Mit der Übergabe von E10 60, welche die Fabriknummer 5316 hat, an die Indonesische Staatsbahn, endet am 21. Oktober 1966 die Lokomotivfertigung der Maschinenfabrik Esslingen kurz vor ihrem 120. Geburtstag für immer.

Lokomotiven für den Irak

1955 und 1956 kann die ME über die Ferrostaal 20 ölgefeuerte, meterspurige Schlepptenderlokomotiven der Baureihe Z mit der Achsfolge 1'D1' an die irakische Staatsbahn liefern. Sie sind die ersten Lokomotiven, die der Irak jemals bei einem deutschen Lokomotivbauer bestellt hat. An einem der Kessel des Irak-Auftrages werden gerade die Bohrungen für Stehbolzen auf dem Stehbolzenstand aufgerieben.

Den im Rohbau fertigen Kessel mit Magnesia-Verkleidung hat der Werksfotograf auf dieser Aufnahme verewigt.

Auf Transportwagen verladen wartet der Kessel auf den Einbau.

Diese Detailaufnahme zeigt das vordere Bisselgestell einer der Irak-Lokomotiven.

Hier ist dagegen das nachlaufende Bisselgestell zu sehen.

Der Tender besitzt zwei Drehgestelle amerikanischer Bauart, sogenannte "three-piece-bogies", bei denen Lang- und Querträger nur über die Radsätze und die Federung miteinander verbunden sind.

In der Halle der Abteilung L ist ein Rahmen einer Irak-Lokomotive bereit, mit dem Kessel vereinigt zu werden. Im Hintergrund erkennt man eine Rangierlokomotive für Israel, die von der deutschen V60 abgeleitet ist.

Zahlreiche Arbeiter der ME sind mit der Montage einer der Irak-Lokomotiven beschäftigt.

Eine der fertigen Lokomotiven dient dem Werksfotografen wieder als Fotomodell, um auf dem Werksgelände in Mettingen von allen Seiten abgelichtet zu werden.

So präsentiert sich der Arbeitsplatz des Lokführers.

Hier die Rückansicht des Tenders

Diese Lokomotive stammt aus der zweiten Lieferserie, die 1956 fertiggestellt wird.

Mit demontiertem Führerhaus und auf einem Tiefladewagen verladen machen sich die Lokomotiven auf den Weg von Mettingen nach Bremerhaven.

Im hohen Norden angekommen erfolgt die Verladung auf ein Schiff, das sich dann auf den Weg in den persischen Golf macht.

Nach der Ankunft und der Inbetriebnahme im Irak 1956 ist diese Aufnahme einer der Lokomotiven entstanden.

Am 15. März 1967 startet Lok. Nr. 96 (Fabriknummer 5194) ihre Fahrt an der Spitze eines Personenzuges in Basra. (Sammlung Alon Siton)

Während einer kurzen Betriebspause am selben Tag ist diese Aufnahme von Lokomotive Nr. 96 in Basra entstanden. (Sammlung Alon Siton)

Lokomotiven für den Iran

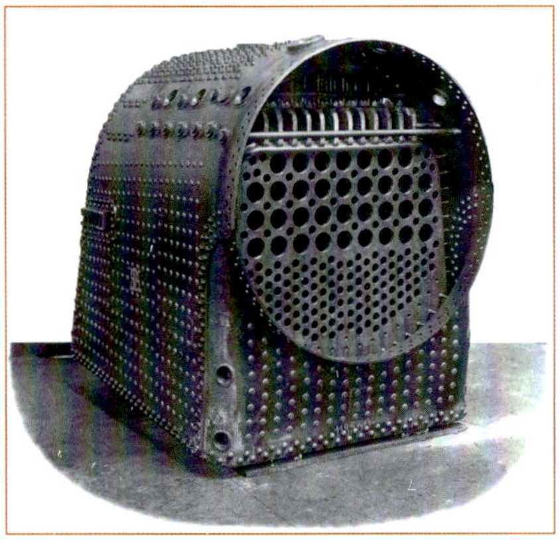

1938 ordert die iranische Staatsbahn eine größere Serie 1'D-Schlepptenderlokomotiven bei deutschen Lokomotivbauern. Auch die ME wird an dem Auftrag beteiligt und kann neun dieser ölgefeuerten Lokomotiven fertigen. Hier sehen wir einen Stehkessel mit Feuerbüchse einer der Lokomotiven.

Der im Rohbau fertige Kessel wird mit einem Transportgestell zur Komplettierung an die nächste Arbeitsstation gefahren.

Einer der Tender aus dem Iran-Auftrag ist während der Montage des Öltanks

Auf dieser Aufnahme ist der Rahmen einer der Iran-Lokomotiven zu sehen.

Der Werksfotograf hat den Moment, als der Kessel auf den Rahmen gesetzt wird, festgehalten.

Die spätere 4153 mit der Fabriknummer 4232 steht hier im Rohbau in der Abteilung L im Werk Mettingen.

Nach ihrer Fertigstellung wird die 4153 wieder ausführlich fotografisch dokumentiert.

Den Blick auf den Führerstand der ölgefeuerten Lok gibt diese Aufnahme frei, ...

Auch wenn sie auf den ersten Blick als Exportlok zu erkennen ist, entdeckt man doch manche Geneinsamkeiten mit den deutschen Einheitslokomotiven.

...während wir hier auf den Tender mit den Füllstandsanzeigern des Öltanks blicken.

Eine der Lokomotiven aus dem Iran-Auftrag wartet im Werk Mettingen darauf, zu einer Probefahrt aufzubrechen.

Bei der Lastprobefahrt zieht die Lokomotive einen Güterzug von Esslingen nach Ulm die Geislinger Steige hinauf.

Lokomotiven für Japan

1892 erhält die ME den Auftrag zum Bau von vier C-gekuppelten Zahnradlokomotiven System Abt für die japanische Usui-Toge-Bahn. Sie werden im Zweigwerk Saronno gebaut werden.

1909 entsteht eine zweite Serie praktisch identischer Lokomotiven, die nun aber von der ME selbst hergestellt wird. Die 519 gehört zu dieser zweiten Serie und hat die Fabriknummer 3510.

Lokomotiven für die Philippinen

Die Manila Railroad Company auf den Philippinen bestellt 1914 drei Zahnradlokomotiven nach System Abt mit der Achsfolge D. Unter der Fabriknummer 3709 findet sich die abgebildete 303 im Produktionsregister der ME.

Lokomotiven für Vietnam

Als Reparationsleistung gehen 1929 über die SLM in Winterthur zwei vierfach gekuppelte Zahnradlokomotiven System Abt in das damalige Indochina (heute Vietnam). Eine von ihnen ist die Nr. 701 mit der Fabriknummer 4228, die wie ihre Schwesterlokomotive 706 auf der Strecke Krong Pha - Dalat zum Einsatz kommt.

Auf diesen beiden Aufnahmen sehen wir die 706 mit der Fabriknummer 4227.

Afrika

Lokomotiven für Algerien

Die Compagnie Franco-Algérienne war eine 1873 gegründete Eisenbahngesellschaft, die das damalige Departement Oran in Algerien verkehrstechnisch erschließen sollte. Ihre erste Strecke war die von Arzew nach Saïda. Für diese fertigt die ME 1881 eine Serie von vier D-Kupplern wie die "Geryville" mit der Fabriknummer 1875.
(Nachlass Braitmaier - Wirtschaftsarchiv Baden-Württemberg)

Lokomotiven für Angola

Auf Betreiben der portugiesischen Kolonialmacht entsteht 1899 die Benguelabahn, welche den Seehafen Lobito in Angola mit dem rohstoffreichen Belgisch-Kongo (heute Demokratische Republik Kongo) verbinden sollte, was aber erst 1929 gelang. 1906 ordert die Bahn bei der ME zwei Zahnradtenderlokomotiven der Achsfolge C1. Eine von ihnen ist die "Marquis de Soveral" und hat die Fabriknummer 3350.

Ihre Schwestermaschine mit der Fabriknummer 3351, an die man noch einen zweiachsigen Tender gekuppelt hat, sehen wir hier. (Sammlung Alon Siton)

Lokomotiven für Südafrika

Ein sehr guter Kunde der ME auf dem afrikanischen Kontinent war die 1887 gegründete Nederlandsche Zuid Afrikaanische Spoorwegmaatschappij (ZASM), die das Eisenbahnnetz in Südafrika aufbaute und betrieb. Für den Einsatz in der Provinz Transvaal ordert die ZASM 1889 drei B-Kuppler in Esslingen. Einer davon mit der Fabriknummer 2317 ist hier im Bahnhof Pretoria zu sehen.

1890 folgt eine Serie von vier B1-Tenderlokomotiven. Die 28 hat die Fabriknummer 2410.

Von der "General Smit" aus einer Lieferung des Jahres 1891, die teilweise im Werk Saronno produziert wird, ist leider nur dieses stark retuschierte Foto erhalten geblieben.

40 C2'-Tenderlokomotiven kann die Maschinenfabrik Esslingen 1894 für die ZASM fertigen. Die "Grobler" mit der Betriebsnummer 68 findet sich unter der Fabriknummer 2605 im Werksverzeichnis der ME.

Die "Republiek" ist die einzige Zahnradlokomotive, die 1894 von der ME an die ZASM ausgeliefert wird. Sie hat die Achsfolge B1 und einen Zahnradantrieb System Riggenbach.

Mit vergrößerten Vorratsbehältern präsentiert sich die "Vaderland", die 1897 unter der Fabriknummer 2844 entsteht.

1896 und 1897 produzieren die Esslinger mehrere Serien von C2'-Tenderlokomotiven für die ZASM. Die "Eendracht" stammt aus einer der Lieferserien des Jahres 1897 und hat die Fabriknummer 2854.

Südamerika

Lokomotiven für Argentinien

Ferrocarril Central Norte

Zu den starken Exportmärkten der ME gehört seit jeher Südamerika, wobei die guten Geschäftskontakte in den verschiedenen Ländern beide Weltkriege überdauern werden. Einer der Kunden ist die Ferrocarril Central Norte, die ein Meterspurnetz im Norden Argentiniens betreibt. Diese erhält 1905 drei Zahnradlokomotiven System Abt mit der Achsfolge C1.

Ferrocarril Nacional

1955 bestellt die argentinische Staatsbahn Ferrocarril Nacional zwei Zahnradtenderlokomotiven System Abt der Baureihe E24 mit der Achsfolge F1'. Die Feuerbüchse einer der beiden Lokomotiven sehen wir hier. In die Feuerbüchse werden die Stehbolzen eingeschweißt. Der Rundkessel ist bereit, um in den vorgewärmten Stehkesselring eingefahren zu werden.

Der fertige Kessel der Baureihe E24 ist auf dieser Aufnahme zu sehen.

Vor weiteren Bauabschnitten erfolgt eine Druckprobe am Kessel.

Der fertig verkleidete und komplettierte Kessel kann auf den Rahmen gesetzt werden.

Der Rahmen sitzt auf den Rädern und kann nun mit dem Kessel und dem Führerhaus versehen werden.

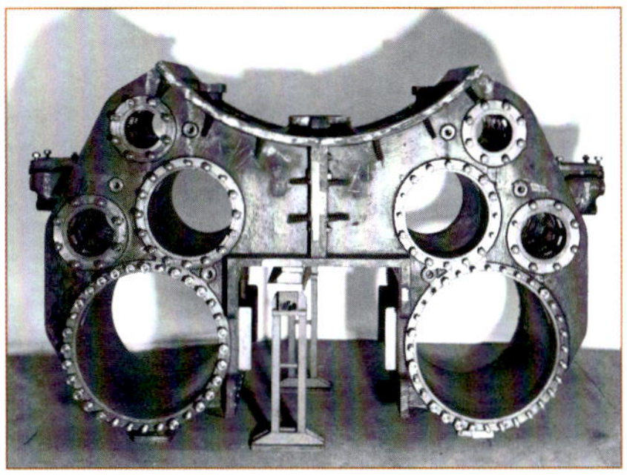

Hier blicken wir von vorne auf den Zylinderblock der Baureihe E24.

Der Zylinderblock ist in den Rahmen eingebaut.

Auf dieser Detailaufnahme ist das Zahnradtriebwerk zu sehen.

Die kompletten Radsätze der Baureihe E24 hat der Werksfotograf hier abgelichtet.

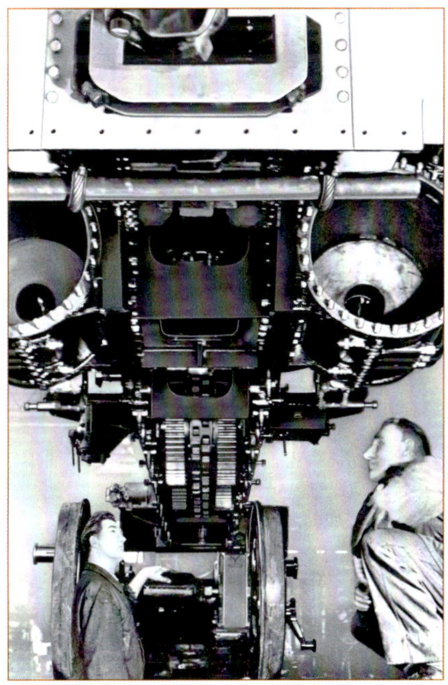

Bei der zweiten Lokomotive der Baureihe E24 hat man den Moment, als der Rahmen auf die Radsätze aufgesetzt wird, festgehalten.

Links: Eine der beiden Lokomotiven befindet sich in der Endmontage.

Die Nr. 100 ist schon nahezu fertiggestellt, während an der 101 im Hintergrund noch zahlreiche Arbeiten nötig sind.

Oben rechts und Mitte: Nach ihrer Fertigstellung wird die Nr. 100 (Fabriknummer 5135) in der Halle des Lokomotivbaus von allen Seiten fotografisch dokumentiert.

Ihre Schwesterlokomotive Nr. 101 lichtet der Werksfotograf dagegen auf den Gleisanlagen vor der Halle ab.

Für den Transport nach Argentinien werden die beiden Lokomotiven wieder demontiert und in Einzelteilen nach Bremerhaven gefahren, wo sie auf ein Schiff verladen werden.

In Argentinien angekommen werden die Kessel auf notdürftig für diesen Zweck angepasste Güterwagen verladen.

Hier sehen wir die 101, die auf ihren nächsten Einsatz wartet. (Sammlung Alon Siton)

Danach erfolgt der Weitertransport ins Betriebswerk der Bahngesellschaft, wo die Lokomotiven zusammengebaut werden.

Lokomotiven für Brasilien

Corcovado-Bahn

Die Corcovado-Bahn führt auf den 710 m hohen Corcovado in Rio de Janeiro. Sie ist eine Zahnradbahn nach System Riggenbach, für welche die ME 1890 eine zweiachsige Zahnradlokomotive mit der Fabriknummer 2387 liefert. (Nachlass Braitmaier - Wirtschaftsarchiv Baden-Württemberg)

Leopoldina Railway

Ein Kunde der ME in Brasilien ist die Leopoldina Railway. 1890 ordert sie zwei Riggenbach-Zahnradlokomotiven für die Petrópolis-Incline in Esslingen, von denen wir die Nr. 1 mit der Fabriknummer 2396 sehen.

1908 lässt die Leopoldina diese ungewöhnliche Brems-Zahnradlokomotive mit Luftspeicher von der Maschinenfabrik fertigen.

Die nächste Bestellung der Leopoldina datiert aus dem Jahr 1914 und umfasst diesmal drei Nassdampfzahnradlokomotiven, die unter den Betriebsnummern 15 - 17 in den Bestand eingereiht werden. Die 15 mit der Fabriknummer 3728 sehen wir hier. Auf der Abbildung rechts ist dagegen die Nr. 17, welche die Fabriknummer 3730 hat, aus dem Auftrag von 1914 zu sehen.

Für die Teresópolis-Bahn schafft die Leopoldina diese Riggenbach-Zahnradlokomotive mit der Fabriknummer 4234 an, die der Werksfotograf, noch bevor sie ihre endgültige Lackierung erhalten hat, abgelichtet hat. 1957 wird sie mit der Einstellung der Bahn an die Petrópolis-Incline abgegeben.

Zwei weitere Zahnradlokomotiven nach System Riggenbach erhält die Leopoldina 1905. Im Fertigungsregister der ME findet sich unter der Nummer 3347 die abgebildete Lokomotive mit der Betriebsnummer 232.

Lokomotiven für Chile

Ferrocarril Arica - La Paz

Die Ferrocarril Arica - La Paz verbindet die bolivianische Hauptstadt La Paz mit dem Hafen von Arica in Chile. Für die anspruchsvolle Strecke durch die Anden ordert Chile, welches die Bahnstrecke verwaltet, 1910 zwei Zahnradlokomotiven System Abt mit Außenrahmen bei der ME.

1913 entstehen im Werk Saronno drei Lokomotiven mit getrennten Adhäsions- und Zahnradtriebwerken. Eine von ihnen ist die "Jerman Riesco" mit der Betriebsnummer 22, die im Saronno-Werksverzeichnis die Fabriknummer 480 hat.

Im Jahr darauf fertigen die Esslinger drei, nahezu baugleiche Lokomotiven. Den Rahmen von einer dieser Lokomotiven sehen wir hier.

In ganz klassischer Bauweise präsentiert sich die 1'D1'-Zahnradtenderlokomotive nach System Abt mit dem Namen "Alfredo Balmaceda", welche die ME zusammen mit einer Schwesterlokomotive 1924 nach Chile liefert.

Auf dieser Detailaufnahme ist die Aufhängung der Triebzahnräder auf zwei Adhäsionsradsätzen zu erkennen.

Die Nr. 80 ist eine der Lokomotiven des Auftrages von 1925. Sie hat die Fabriknummer 4153 (siehe auch oben).

1930 entstehen nochmals drei 1'D1'-Zahnradtenderlokomotiven für die Ferrocarril Arica - La Paz. Während eine von ihnen noch in einer frühen Phase des Zusammenbaus ist, sind bei der zweiten Lokomotive am linken Bildrand bereits die Wasserkästen montiert.

Die fertige 3313 mit der Fabriknummer 4232 wird vom Werksfotografen für die Nachwelt festgehalten.

Am 21. März 1930 lassen sich drei Verantwortliche des Lokomotivbaus der ME mit einer der noch im Rohbau befindlichen Lokomotiven für Chile verewigen. Rechts blicken wir in den Führerstand der 3313.

Mit demontiertem Führerhaus und ohne Radsätze auf einen Tiefladewagen gesetzt macht sich die 3313 zusammen mit ihren Schwestermaschinen auf den Weg nach Bremerhaven.

Ferrocarril Transandino Chileno

Die Ferrocarril Transandino Chileno war eine Meterspurstrecke, die Los Andes in Chile mit Mendoza in Argentinien verband. 1908 erhält die Bahn eine erste Mallet-Lokomotive mit getrenntem Adhäsions- und Zahnradtriebwerk, welche die Betriebsnummer 9 trägt.

Eine weitere in Details moderner gestaltete Mallet-Zahnradlokomotive entsteht 1911 in Form der Nr. 11, welche die Fabriknummer 3623 hat.

Hier sehen wir die Nr. 9 bei der Einfahrt in den 3,2 km langen Túnel de la Cumbre, durch den auch die Staatsgrenze zwischen Chile und Argentinien verläuft.

(Sammlung Alon Siton)

Mitte: Mit den drei Güter- und dem einen Personenwagen dürfte die Nr. 11 wohl keine Probleme gehabt haben.

1911 entstehen für diese Bahnstrecke vier konventionelle Zahnradlokomotiven System Abt. Die "Ramon Barros Luco" ist eine von ihnen mit der Fabriknummer 3607.

Empresa de los Ferrocarriles del Estado

Henschel entwickelt 1935 federführend eine 1'D1'-Breitspurlokomotive mit Vanderbilt-Tender für die chilenische Staatsbahn Empresa de los Ferrocarriles del Estado. Neben Krupp wird auch die ME an der Fertigung dieser Lokomotiven beteiligt, von denen wir hier einen Kessel sehen.

Die Esslinger Lieferung nach Chile umfasst insgesamt zehn Lokomotiven, darunter die 906 mit der Fabriknummer 4294.

Der Transport der Lokomotiven von Mettingen nach Bremerhaven erfolgt in Einzelteilen und auf Schwerlast- und Flachwagen verladen.

Rechts Mitte: Einen der Tender des Typs Vanderbilt sehen wir hier im Detail.

Rechts außen: In Bremerhaven angekommen werden die Lokomotiven montiert und auf ein Schiff verladen.

Links: Nach langer Seereise sind die Lokomotiven endlich in Chile angekommen und werden auf ein offensichtlich provisorisch im Hafen installiertes Gleis gesetzt. Oben: Die 912 mit der Fabriknummer 4300 kommt auf der Ferrocarril de Norte zum Einsatz.

Industrielokomotiven

Bochumer Verein

Der Montankonzern Bochumer Verein lässt 1913 diese zweiachsige Zahnradlokomotive mit der Fabriknummer 3696 fertigen.

Braunkohlenwerke Leonhard AG

Zwei C-Kuppler mit Abtschem Zahnradantrieb erhalten die Braunkohlenwerke Leonhard AG für ihr Werk Meuselwitz 1925 von der ME. Die Lokomotive mit der Fabriknummer 4085 ist hier zu sehen. Als die Werkbahn 1938 elektrifiziert wird, wird diese Lokomotive an die Tagebaugrube von Sokolov in Tschechien verkauft.

Auf einen Tiefladewagen der Reichsbahn - ebenfalls ein Erzeugnis der ME - verladen, wartet die Lokomotive auf ihren Abtransport.

Der Fotograf der ME hat die beiden Lokomotiven an ihrem Einsatzort in Meuselwitz in der Zeche Bismarck abgelichtet. Auf dieser Aufnahme ist Lokomotive Nr. 34 mit der Fabriknummer 4086 zu sehen, ...

... während hier die Nr. 33 (Fabriknummer 4085), die auch schon im Werk in Mettingen von allen Seiten fotografiert wurde, einen Zug Schüttgutwagen voller Braunkohle aus der Grube schiebt.

Burbacher Hütte

Die 1856 gegründete Burbacher Hütte, in einem Stadtteil Saarbrückens, bestellt 1908 eine Schmalspur- und eine Regelspurlokomotive bei der ME. Die Regelspurlokomotive mit der Nr. 8 sehen wir hier.

1911 entsteht diese schmalspurige, B-gekuppelte Werklokomotive für die Burbacher Hütte. Sie hat die Fabriknummer 3625.

Chemische Werke Hüls

Das ehemalige I.G.-Farben Unternehmen Chemische Werke Hüls GmbH nutzt für werksinterne Rangierfahrten Dampfspeicherlokomotiven. Eine von ihnen wird 1957 im Werk Mettingen umgebaut.

Dillinger Hüttenwerke

Die Dillinger Hüttenwerke können auf eine über 300-jährige Geschichte zurückblicken; sie sind heute das größte Grobblechwerk Europas. 1877 liefert die Maschinenfabrik diesen B-Kuppler mit der Fabriknummer 1607 nach Dillingen.

Ebenfalls ein B-Kuppler ist Lokomotive XIV, welche 1912 unter der Fabriknummer 3655 für die Dillinger Hüttenwerke von der ME gebaut wird.

Dynamit Werke AG

Links: Die Dampfspeicherlokomotive mit der Fabriknummer 3654 wird von der ME bereits 1911 auf Vorrat gebaut. 1913 kann man sie an die Dynamit-Werke AG verkaufen. Rechts: Diese setzt sie dann in ihrem Werk in Wahn ein.

Eisenwerk Völklingen

Links: Das Eisenwerk Völklingen, die spätere Völklinger Hütte, wird 1873 gegründet. 1889 erhält sie diesen B-Kuppler von der ME, welcher im Werksverzeichnis die Fabriknummer 2311 hat. Rechts: Aus dem Jahr 1903 stammt dagegen die C-gekuppelte "Carlshuette".

(Nachlass Braitmaier - Wirtschaftsarchiv Baden-Württemberg)

Gaswerke Stuttgart

Ein für Kokslöschlokomotiven typisches Erscheinungsbild hat die Dampfspeicherlokomotive, die die Gaswerke Stuttgart 1930 unter der Fabriknummer 4230 bei der ME fertigen lassen. Mitte: Hier hat der Werksfotograf die Lokomotive im Einsatz abgelichtet.

GmbH zur Verwertung chemischer Erzeugnisse

Die GmbH zur Verwertung chemischer Erzeugnisse oder kurz Verwertchemie war eine Tochtergesellschaft der Dynamit-Werke mit Sitz in Troisdorf. 1936 lässt diese bei der ME einen D-Kuppler als Werkslokomotive fertigen.

Für Rangierfahrten in Werksbereichen, in denen Brand- bzw. Explosionsgefahr besteht, ordert die Verwertchemie im Jahr darauf diese Dampfspeicherlokomotive mit der Fabriknummer 4316.

1942 lässt die Verwertchemie eine Serie von sechs Dampfspeicherlokomotiven von der ME bauen. Die C-Kuppler sind alle mit der ME-Ventilsteuerung ausgerüstet. Auf diesen beiden Aufnahmen sehen wir die Lokomotive mit der Fabriknummer 4456.

Hier ist hingegen die Lokomotive mit der Fabriknummer 4459 aus dem Auftrag des Jahres 1942 abgebildet.

Ein klassischer C-Kuppler ist dagegen diese Lokomotive, die ebenfalls 1942 an die Verwertchemie geliefert wird. Sie hat die Fabriknummer 4472.

Gutehoffnungshütte

Der ME-Mutterkonzern Gutehoffnungshütte ist naheliegenderweise auch ein großer Abnehmer von Werkslokomotiven aus Esslinger Fertigung. 1927 erhält die GHH eine B-gekuppelte Dampfspeicher- Kokslöschlokomotive mit der Fabriknummer 4201.

Hier sehen wir die Dampfspeicherlokomotive der GHH aus dem Jahr 1927 im Einsatz.

Der C-Kuppler mit der Betriebsnummer 50 der GHH entsteht bereits 1923 im Werk Mettingen. Er hat die Fabriknummer 4083 und wird zusammen mit seiner Schwestermaschine in den Hüttenwerken Oberhausen zum Einsatz kommen.

1937 fertigt die ME zwei weitere C-Kuppler für die Hüttenwerke in Oberhausen. Sie unterscheiden sich kaum von den Lokomotiven des Jahres 1923. Nr. 34, die wir hier sehen, hat die Fabriknummer 4322.

Mit teilweise demontierten Aufbauten macht sich Nr. 34 auf einem Tiefladewagen auf den Weg nach Oberhausen.

Eine Lieferung von C-Kupplern datiert auf das Jahr 1939. Die Lokomotiven Nr. 36 und 37 weisen nun allerdings die ME-Ventilsteuerung auf.

Nr. 37 mit der Fabriknummer 4365 sehen wir hier im Einsatz. Rechts: Zum Vergleich ist auf dieser Aufnahme nochmals die Nr. 35 aus dem Jahr 1937 abgebildet. Wie man gut erkennt, unterscheiden sich die beiden Lokomotiven in der Bauart der Steuerung.

Mitten im Krieg kann die ME nochmals eine Serie von C-Kupplern an die Oberhausener Hüttenwerke der GHH liefern. Lokomotive Nr. 54, die wir hier sehen, hat die Fabriknummer 4470.

Krupp AG

Die Krupp AG ist wohl einer der ersten Kunden der Esslinger, der Werkslokomotiven erhält. Die "Friedrich Krupp No. IV" hat die Achsfolge 2B und die Fabriknummer 710. Sie entsteht, wie ihre Schwesterlokomotive "Friedrich Krupp No. III", im Jahr 1865.

1881 entsteht eine Serie von vier schmalspurigen B-Kupplern für die Krupp AG, zu der auch dieses Exemplar mit der Fabriknummer 1820 gehört.

Die Germaniawerft in Kiel gehört ebenfalls zum Krupp-Konzern. Für sie entsteht 1899 unter der Fabriknummer 3073 diese B-gekuppelte Kranlokomotive.

Lehesten-Oertelsbruch

1886 wird eine Bahnstrecke vom Bahnhof Lehesten zu den Schieferbrüchen des Kommerzienrates Oertel eröffnet, welche mit einer Abtschen Zahnstange versehen ist. Eine der Lokomotiven, die auf der Strecke zum Einsatz kommen, liefert die ME. Es handelt sich um diese Zahnradlokomotive mit der Achsfolge B1, die das Werk 1898 mit der Fabriknummer 2967 verlässt. (Nachlass Braitmaier - Wirtschaftsarchiv Baden-Württemberg)

Lonza Werke

Für ihr Chemiewerk in der Stadt Waldshut ordert die schweizerische Lonza AG 1937 diesen C-Kuppler mit der Fabriknummer 4315 bei der Maschinenfabrik.

Auch die Papierfabrik Albbruck gehörte zum weitverzweigten Lonza-Konzern. 1952 erhält diese den abgebildeten C-Kuppler mit der Fabriknummer 5054. Eine baugleiche Lokomotive mit der Fabriknummer 5053 geht an das Chemiewerk in Waldshut.

1910 fertigt die ME ihren ersten Brotankessel. Bei dieser Kessel-Bauform werden die konstruktiven Vorteile von Rohr- und Großwasserraumkessel vereinigt mit dem Ziel, die in jenen Jahren noch oftmals aus Kupfer bestehende Feuerbüchse zu ersetzen und so die Unterhaltskosten zu senken.

Die Lokomotive mit der Fabriknummer 3576 erhält diesen Kessel. Sie entsteht für die Mannesmann Röhrenwerke. (Nachlass Braitmaier - Wirtschaftsarchiv Baden-Württemberg)

1959 trifft dieser C-Kuppler im Werk Mettingen ein. Er ist eine der Werkslokomotiven der Mannesmann Rohstoffwerke Neanderthal, der zwar nicht aus ME-Fertigung stammt, aber bei der Maschinenfabrik aufgearbeitet werden soll.

Die fertig aufgearbeitete Lokomotive lichtet der Fotograf wieder einmal von allen Seiten ab.

Neckarwerke

Diese B-gekuppelte Dampfspeicherlomomotive entsteht 1954 unter der Fabriknummer 5134 im Auftrag der Neckarwerke – einem Vorgängerunternehmen der heutigen EnBW – für das Dampfkraftwerk Altbach.

Schwäbische Hüttenwerke

Die Schwäbischen Hüttenwerke in Wasseralfingen erhalten 1922 diesen C-Kuppler mit der Fabriknummer 4082, der ein Nachbau der württembergischen Klasse T3 ist. 1960 weilt die Lokomotive zur Revision im Werk Mettingen.

Städtische Werke Nürnberg

Die Werkslokomotive Nr. 5 der Städtischen Werke Nürnberg, eine B-gekuppelte Dampfspeicherlokomotive, stammt zwar nicht aus ME-Fertigung, doch übernehmen die Esslinger 1959 die Aufarbeitung der Lokomotive.

Süddeutsche Zucker AG

Eine bewegte Geschichte hat die Werkslokomotive der Zuckerfabrik Heilbronn der Süddeutschen Zucker AG. Die Südzucker hat sie während des Zweiten Weltkriegs in Frankreich gekauft. 1958 weilt der D-Kuppler in Mettingen, um bei der ME aufgearbeitet zu werden.

Lokomobile und Dampfwalzen der Maschinenfabrik Esslingen

Wie wir ja im Rahmen dieser Buchreihe schon öfter gesehen haben, war der Gründer der Maschinenfabrik Esslingen, Emil Kessler, ein sehr umtriebiger Unternehmer, der stets auf der Suche nach neuen Absatzmärkten war. So verwundert es natürlich kaum, dass er neben Dampflokomotiven ab den späten 1870er-Jahren auch die Fertigung von Lokomobilen aufnimmt. Wirklich große Stückzahlen scheinen die Esslinger aber nicht abgesetzt zu haben, denn in den Nummernlisten des Lokomotivbaus tauchen diese nicht auf und verschwinden letztlich um die Jahrhundertwende wieder aus den Katalogen.

Deutlich erfolgreicher auf diesem Gebiet ist hier dagegen ein direkter Konkurrent der ME und zwar die 1852 gegründete Maschinen- und Kesselfabrik G. Kuhn aus Stuttgart-Berg. Sie kann nicht nur eine ansehnliche Zahl an Lokomobilen an die Kunden bringen, sondern hat ab 1878 auch Dampfstraßenwalzen im Angebot. Obwohl Kuhn auf Dauer letztlich nur ein kleiner Anbieter auf dem Markt der Straßenwalzen ist, erreicht er doch einige Beachtung, da er die erste Walze mit 20 Tonnen Dienstgewicht im Deutschen Reich fertigt.

Schon kurz nach der Gründung der Maschinenfabrik Esslingen produziert diese auch stationäre Dampfmaschinen. Dieses Exemplar in liegender Bauweise dient im Kraftwerk des Werkes Mettingen der Stromerzeugung.

Als Kuhn 1902 in eine wirtschaftliche Krise gerät, übernimmt die ME den bisherigen Konkurrenten und konzentriert in der Folge den Bau von Pumpen, stationären Dampfmaschinen und Kesseln im Werk Stuttgart-Berg. Auch die Fertigung der Dampfstraßenwalzen läuft dort zunächst noch unter dem Markennamen Kuhn weiter, doch arbeiten die Ingenieure in Esslingen hier bereits an einem kompletten Neustart. Ab 1912 rollen die zwischenzeitlich neu entwickelten Dampfwalzen dann aus den Hallen des Lokomotivbaus der Maschinenfabrik Esslingen und werden nun auch stolz als Esslinger Produkt vermarktet.

Das Konstruktionsprinzip ist dabei bei allen Typen gleich. Die für den Antrieb nötige Dampfkraft wird in einem Kessel aus hochwertigem Stahl erzeugt, der für einen Betriebsdruck von 12 atm ausgelegt ist. Auch die Feuerbüchse besteht aus Stahl, kann aber auf Wunsch auch aus Kupfer gefertigt werden. Eine Zweizylinder-Verbunddampfmaschine setzt die erzeugte Dampfkraft in Bewegungsenergie um, die von der Kurbelwelle mittels Zahnradübersetzung über ein Vorgelege auf die hintere Antriebsachse übertragen wird. Diese besitzt zwei Walzenringe aus Stahlguss, wäh-

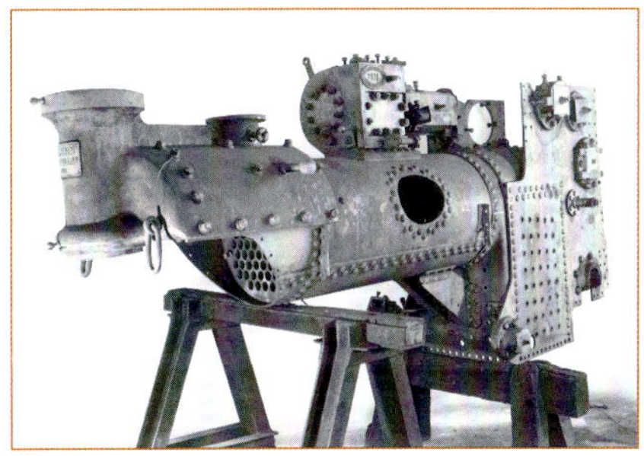

1952 weilt eine Dampfstraßenwalze des Städtischen Tiefbauamtes Tübingen in Mettingen zur Generalüberholung. Sie wurde 1898 von Kuhn gefertigt, wie wir am Fabrikschild des Kessels lesen können.

Lokomobile gehören ab den 1870er-Jahren zum Fertigungsprogramm der ME. 1920 steht noch eines dieser Ungetüme auf dem Werksgelände in Mettingen.

Aus der Fertigung des ME-Konkurrenten Kuhn stammt diese Dampfstraßenwalze, die um 1890 vor dem Wasserturm in Mannheim abgelichtet wurde.

rend die Vorderachse, die als Lenkachse dient, nur einen Walzenring besitzt, der aber so breit ist, dass er die Innenkanten der Treibwalzen überdeckt. Die Lenkung selbst erfolgt durch ein Schneckengetriebe, das vom Führerstand aus mit einem Handrad bedient wird. Das Bremssystem schließlich wirkt auf die Hinterachse und besteht aus einer dort angebrachten Bremstrommel mit Bremsband, Hebel und Spindel.

Wirklich in Fahrt kommt die Dampfwalzenfertigung bei der ME aber zunächst nicht, denn zwischen 1912 und 1916, als die Produktion kriegsbedingt eingestellt werden muss, rollen gerade einmal sechs Walzen aus dem Werk, die zur Hälfte an regionale Kunden und zur Hälfte in den Export in die Schweiz und nach Japan gehen. Auch nach Kriegsende ruht die Produktion von Straßenwalzen vorerst und es wird bis 1924 dauern, bis die Esslinger, die mittlerweile unter das Dach des GHH-Konzerns geschlüpft sind, mit einem überarbeiteten und nun fein abgestuften Programm den Neustart wagen. Kleinstes und leichtestes Modell im Angebot ist das Modell Nr. 2 mit einem Dienstgewicht von 8 bzw. in der schweren Ausführung 8,6 Tonnen. Das Modell Nr. 3 bringt es dann schon auf 11,2 bzw. 12 Tonnen, Modell Nr. 4 auf 14 bzw. 15 Tonnen und die beiden größten und schwersten Walzen mit den Modellbezeichnungen Nr. 5 und Nr. 6 auf 16,5 bzw. 18 Tonnen.

Der Wiedereinstieg der ME in den Straßenwalzenmarkt verläuft dabei anfangs recht vielversprechend, können doch allein 1925 neun Walzen verkauft werden und damit mehr als in der kompletten Vorkriegszeit. Doch zeigt sich schnell, dass die Esslinger gegen die Platzhirsche in diesem Sektor wie Kaelble, Henschel oder Zettelmeyer nicht ankommen können. Zudem setzt sich auch bei den Straßenwalzen der Dieselmotor als Antriebsquelle immer mehr durch und die dampfbetriebenen Ungetüme wirken wie Relikte aus einer anderen Zeit. So ist es wenig verwunderlich, dass 1926 nur noch drei Dampfwalzen sofort einen Kunden finden, während die übrigen 18 Walzen, die in diesem Jahr noch gefertigt werden, zunächst in den Vorrat gehen und bis 1929 nur unter Mühen abverkauft werden können.

Im selben Jahr entsteht unter der Fabriknummer 4224 dann auch die letzte Dampfstraßenwalze der Maschinenfabrik Esslingen. Da auch der Versuch, in den Markt der dieselbetriebenen Straßenwalzen nach fünf Walzen mit 16 Tonnen Dienstgewicht, die 1926 entstehen, gescheitert war, endet somit 1929 der Ausflug der ME in den Markt der Straßenwalzen. Dem Baugewerbe an sich werden aber die Esslinger trotzdem noch treu bleiben. So finden sich im Programm Pflasterrammen, Betonstraßenfertiger, Straßenaufreißer, Wohn- und Sprengwagen und nicht zuletzt bis in die 1950er-Jahre auch mobile Drucklufterzeuger für den Betrieb von Presslufthämmern.

Aus den 1930er-Jahren stammt diese Motorwalze für den Handbetrieb. Die Fertigung richtiger Straßenwalzen ist zu diesem Zeitpunkt bereits eingestellt.

1926 versucht die ME, in die Produktion von dieselbetriebenen Walzen einzusteigen, die aber nach fünf Exemplaren aufgegeben wird. Die geöffneten Wartungsklappen geben den Blick auf den Vierzylinderdieselmotor der Motorwalze von 1926 frei.

Für eine Werbeaufnahme hat man hier die Esslinger Dieselstraßenwalze mit einem älteren dampfbetriebenen Exemplar bei Straßenbauarbeiten in Metzingen in Szene gesetzt.

1926 liefert die ME diesen Straßenaufreißer zusammen mit einer Dampfstraßenwalze an das Tiefbauamt Reutlingen.

Auch nach dem Ende der Walzenfertigung bietet die ME Produkte für das Baugewerbe an wie diese Pflasterramme, von der allein 1927 rund 30 Stück verkauft werden.

Anfang der 1920er-Jahre steigt die ME auch in die Produktion mobiler Drucklufterzeuger ein. Hier ein Exemplar der Bauart Wittig mit Benzinmotor.

1951 zeigt die ME diesen Einachs-Luftverdichter auf einer Ausstellung in der Staatsbauschule Stuttgart.

Dem Kesselbau werden die Esslinger treu bleiben. Dieses Exemplar eines Wellrohrkessels geht 1953 an die Firma Quist in Esslingen.

Die Dampfwalzen

Fabriknummer	Baujahr	Kunde
3660	1913	Stadt Esslingen
3677	1912	Stadt Esslingen
3731	1914	Stadt Göppingen
3744	1915	Firma Marti, Bern
3745	1915	Firma Mitsubishi, Japan
3746	1916	Firma Marti, Bern
4139	1924	Stadt Singen am Hohentwiel
4144	1925	Firma Merk, Hannover
4145	1925	Firma Merk, Hannover
4146	1925	Firma Merk, Hannover
4147	1925	Firma Merk, Hannover
4148	1925	Firma Most, Kirchheim (Teck)
4149	1925	Firma Most, Kirchheim (Teck)
4150	1925	Stadt Pfullingen
4151	1925	Firma Most, Kirchheim (Teck)
4152	1925	Firma Most, Kirchheim (Teck)
4156	1926	Firma Nickel & Seitz, Freiburg
4157	1926	Tiefbauamt Reutlingen
4158	1926	Firma Most, Kirchheim (Teck)
4159	1926	Firma Most, Kirchheim (Teck)
4162	1926	Vorrat
4163	1926	Vorrat
4164	1926	Vorrat
4165	1926	Vorrat
4166	1926	Vorrat
4167	1926	Vorrat
4168	1926	Vorrat
4169	1926	Vorrat
4170	1926	Vorrat
4171	1926	Vorrat
4172	1926	Vorrat
4173	1926	Vorrat
4174	1926	Vorrat
4175	1926	Vorrat
4176	1926	Vorrat
4177	1926	Vorrat
4178	1926	Vorrat
4179	1926	Vorrat
4224	1929	Vorrat, letzte Dampfwalze

Die erste von der ME selbst produzierte Dampfstraßenwalze stammt aus dem Jahr 1912 und hat die Fabriknummer 3677. Abnehmer ist - was kaum verwundern mag - die Stadt Esslingen.

1913 liefert die ME unter der Fabriknummer 3660 eine zweite, baugleiche Dampfstraßenwalze an die Stadt Esslingen.

Die Stadt Göppingen erhält 1914 dieses Exemplar mit der Fabriknummer 3731.

Das Tiefbauamt Reutlingen erhält 1926 zusammen mit seiner Dampfstraßenwalze auch einen Straßenaufreißer zum anhängen. Die Walze hat die Fabriknummer 4157.

Ein wichtiger Kunde, der im Laufe der Zeit sechs Walzen der ME ordern wird, ist die Baufirma Most aus Kirchheim (Teck). Diese Walze mit Fabriknummer 4152 stammt aus dem Jahr 1925.

Mit Zusatzgewichten in den Walzen ist diese Dampfstraßenwalze ausgestattet, die 1926 entsteht. Wer sie letztlich gekauft hat, ist leider nicht überliefert.

Unter der Fabriknummer 4224 entsteht 1929 die letzte Dampfstraßenwalze in Mettingen. Der Werksfotograf hat sie daher von allen Seiten bei einer Vorführungsfahrt auf dem Werksgelände abgelichtet (siehe auch unten links).

Bei dieser Dampfstraßenwalze ließ sie die Fabriknummer nicht ermitteln. Sie weist als Besonderheit einen fest montierten Straßenaufreißer auf.

Literatur

Bücher:

Ebel, Jürgen; Die Neubau-Dampflokomotiven der Deutschen Bundesbahn. Band 2: Technik und Geschichte der Tenderloks BR 65, 82 und 66; W. Kohlhammer; Stuttgart; Berlin; Köln; Mainz 1984
Ebel, Jürgen / Wenzel, Hansjürgen; Die Baureihe 50. Band 1: Deutsche Reichsbahn; EK-Verlag; Freiburg 1988
Hefti, Walter; Zahnradbahnen der Welt; Birkhäuser Verlag; Basel 1971
Hefti, Walter; Unkonventionelle Bergbahnen; Birkhäuser Verlag; Basel 1978
Lohr, Hermann / Thielmann, Georg; Lokomotiv-Archiv Baden; Transpress Verlag, Berlin 1988
Lohr, Hermann / Thielmann, Georg; Lokomotiv-Archiv Württemberg; Transpress Verlag, Berlin 1988
Mayer, Max; Esslinger Lokomotiven, Wagen und Bergbahnen; VDI-Verlag, Berlin 1924
Messerschmidt, Wolfgang; Von Lok zu Lok. Esslingen und der Lokomotivbau für die Bahnen der Welt; Franckh'sche Verlagshandlung, Stuttgart 1969
Messerschmidt, Wolfgang; Zahnradbahnen. Gestern - heute - in aller Welt; Franckh'sche Verlagshandlung, Stuttgart 1972
Messerschmidt, Wolfgang; Lokomotiven der Maschinenfabrik Esslingen 1841 bis 1966. Ein Kapitel internationalen Lokomotivbaues; Steiger, Moers 1984
Näbrich, Fritz / Meyer, Günther / Preuß, Reiner; Lokomotiven sächsischer Eisenbahnen; Alba Verlag, Düsseldorf 1984
Obermayer, Horst J.; Taschenbuch Deutsche Dampflokomotiven; Franckh, Stuttgart 1985
Obermayer, Horst J.; Taschenbuch Deutsche Schmalspur-Dampflokomotiven; Franckh, Stuttgart 1980
Steinke, Werner; Die Rübelandbahn; Transpress Verlag; Berlin 1982
Weisbrod, Manfred / Müller, Hans / Petznick, Wolfgang; Dampflok-Archiv 1 - Baureihen 01 bis 39; Transpress Verlag, Berlin 1976
Weisbrod, Manfred / Müller, Hans / Petznick, Wolfgang; Dampflok-Archiv 2 - Baureihen 41 bis 59; Transpress Verlag, Berlin 1978
Weisbrod, Manfred / Müller, Hans / Petznick, Wolfgang; Dampflokomotiven deutscher Eisenbahnen - Baureihe 60 - 96; Alba Verlag, Düsseldorf 1982
Weisbrod, Manfred / Müller, Hans / Petznick, Wolfgang; Dampflokomotiven deutscher Eisenbahnen - Baureihe 97 - 99; Alba Verlag, Düsseldorf 1988
Willhaus, Werner / Krantz, Jürgen; Maschinenfabrik Esslingen; Eisenbahn-Kurier, Themen 31; EK-Verlag; Freiburg 1999

Zeitschriften:

Eisenbahn Kurier
Eisenbahn Magazin
Elektrische Bahnen
Glasers Annalen
Lok-Magazin
Werkszeitung der Maschinenfabrik Esslingen

Bildquellen

Sofern nicht anders vermerkt, stammen sämtliche Abbildungen aus dem Bestand der Maschinenfabrik Esslingen im Wirtschaftsarchiv Baden-Württemberg.